持続可能な社会のための環境教育シリーズ〔7〕

大都市圏の環境教育・ESD
首都圏ではじまる新たな試み

福井智紀／佐藤真久 編著
阿部　治／朝岡幸彦 監修

筑波書房

はじめに

　鉄腕アトムが活躍した未来都市TOKYOは人とロボットが共生し、自動車も高層ビル群の間を縫うように空を飛んでいた。だが、アトムが生まれたはずの2003年の東京は、20世紀の街並みと大差なく、ロボットも自動車も相変わらずの状態であった。

　メガロポリス＝巨大都市には、私たちの未来や夢を実現する何かがあると思わせる。好むと好まざるとに拘わらず、21世紀は「大都市の時代」なのだ。実際に、ますます多くの人が大都市に住むようになり、都市と農山漁村の暮らし方は全く違ったものになっていくのだろう。その事実を、前向きに受けとめた環境教育・ESDを構想・提案する必要がある。本書の多角的で多様な論稿が、その模索を示している。

　これは決して、大都市中心の社会や教育を意味するものではない。万博の会場づくりが100年後の都市像を表しているとすれば、愛・地球博の緑地空間と調和したインフラ群が21世紀末の大都市となる。さらに私たちが1000年後の都市像を思い浮かべようとした時に、どのような景色が見えてくるのであろうか。私には、ガリバー旅行記を翻案した「天空の城ラピュタ」のような、地上から遊離して天空を彷徨う巨大な雲のような島に思える。

　やはり、人は自然＝大地を離れて生きていくことはできないのではないか。都市か農山漁村か、中央か地方か、工業か農林漁業か、という二項対立の向こうにある近未来の大都市の暮らし方、大都市が地球の環境に果たすべき役割を、本書は提起していると思う。「大都市圏の環境教育・ESD」から、私たちが目指すべき環境教育・ESDの一つの姿を読み取ってほしい。

朝岡　幸彦

目次

はじめに ……………………………………………………………………………………… 3

序章　大都市圏における環境教育・ESDの展望
―日本の持続可能性を視野に入れて― ……………………………… 11

1　なぜ「大都市圏」に焦点を当てるのか…… 11

2　都市と持続可能性の問題…… 12

3　日本は課題先進国である…… 13

4　大都市が有利な点…… 14

5　大都市が不利な点…… 15

6　不利な点を克服するための取り組み…… 16

7　大都市圏における環境教育・ESDの役割と意義…… 18

8　おわりに…… 19

第1部　大都市圏における環境教育・ESDのとらえ方

第1章　なぜ大都市圏に着目するのか
―日本環境教育学会関東支部会員へのアンケート調査結果から―
……………………………………………………………………………… 22

1　はじめに…… 22

2　大都市圏における環境教育・ESDとは―アンケート調査の実施―…… 23

3　大都市圏における環境教育・ESDに対する様々な意見…… 25

4　大都市圏における環境教育・ESDの充実に向けて…… 27

5　おわりに…… 27

第2章　環境配慮行動としてのライフスタイルの選択
―シナリオ分析の枠組構築と「食」に関するアンケート調査に基づいて― ………………………………………………………………… 31

1　はじめに…… 31

2　シナリオ分析の枠組みの構築に向けて…… 32

3　シナリオ分析枠組を活用した「食」の選択に関するアンケート調査…… **35**

　　4　大都市圏における環境教育・ESDの充実に向けて…… **41**

　　5　おわりに…… **42**

第3章　子どもの成育環境からみた大都市圏における持続可能性
　　　　—大都市圏に育つ子どもたちのために—……………………………… **45**

　　1　はじめに…… **45**

　　2　子どもの発達と環境とのかかわり…… **47**

　　3　子育て支援の現状と課題…… **48**

　　4　過疎地域の子どもの遊び…… **50**

　　5　都市郊外の子どもの遊び…… **52**

　　6　大都市圏における環境教育・ESDの充実に向けて…… **53**

　　7　おわりに…… **55**

第2部　学校教育　大都市圏の学校はどう取り組むのか

第4章　大都市圏のエコスクールが進める環境教育・ESD
　　　　—杉並区エコスクール化推進事業を事例として—………………… **58**

　　1　はじめに…… **58**

　　2　エコスクールにおける教師と子どもの学び合い…… **60**

　　3　メゾ集団としての学校＝エコスクール…… **65**

　　4　大都市圏における環境教育・ESDの充実に向けて…… **66**

　　5　おわりに…… **67**

第5章　大都市圏の小・中学校で始まっている自然体験学習・ESD
　　　　—善福蛙の取組を事例として—　……………………………………… **70**

　　1　はじめに…… **70**

　　2　「善福寺川を里川にカエル会」〈善福蛙〉とは何か…… **71**

　　3　学校教育と善福蛙…… **74**

　　4　大都市圏における環境教育・ESDの充実に向けて…… **77**

　　5　おわりに…… **79**

第6章　大都市圏の高等学校で進めてきた環境教育・ESD
　　　　—東京都立つばさ総合高校の環境活動を事例として—　………… 81

1　はじめに…… 81

2　東京都立つばさ総合高等学校における環境教育…… 81

3　実際の取り組み…… 83

4　電気使用量の削減…… 86

5　大都市圏における環境教育・ESDの充実に向けて…… 90

6　おわりに…… 92

第7章　科学教育の観点から見た大都市圏の環境教育・ESD
　　　　—科学技術との付き合い方を考える討論活動の必要性—　……… 93

1　はじめに…… 93

2　科学技術と環境教育・ESD…… 94

3　中学校理科教科書の状況…… 95

4　ガバナンスの視点の重要性…… 98

5　ガバナンス能力を育てるには…… 100

6　科学技術との付き合い方を考える討論活動…… 101

7　大都市圏における環境教育・ESDの充実に向けて…… 104

8　おわりに…… 105

第8章　これからの学校はどうあるべきか？
　　　　—都市生態系の中での学校教育を問い直す—　……………………… 107

1　はじめに…… 107

2　〈都市生態系の中の学校〉とは何か…… 108

3　「鳥の眼」と「虫の眼」から学校を見る…… 109

4　都市生態系の中で展開する教育活動…… 112

5　大都市圏における環境教育・ESDの充実に向けて…… 117

第3部　様々な学習機会 大都市圏の豊富な教育資源をどう活用するか

第9章　大都市圏の教育施設における環境教育・ESDの可能性
　—都市型環境教育施設の活用— ……………………………………… 122

1　はじめに—都市型環境教育施設の存在…… 122

2　東京都特別区内の環境教育施設—タイプ別の試み—…… 123

3　歴史的な経緯、世界の動きから地域へ……127

4　都市型環境教育施設の運営と現状の課題…… 129

5　大都市圏における環境教育・ESDの充実に向けて……132

第10章　大都市圏の動物園における環境教育・ESDの可能性
　—いのちと生物多様性を考える場として— ……………………… 135

1　はじめに…… 135

2　現代の動物園の役割…… 135

3　千葉市動物公園の事例…… 138

4　大都市圏における環境教育・ESDの充実に向けて…… 142

5　おわりに…… 145

第11章　大都市圏と森林をつなぐ新しい教育資源の可能性
　—機会の限られた自然体験を補完・拡張する映像音声アーカイ
　ブの活用— ……………………………………………………………… 147

1　はじめに…… 147

2　サイバーフォレスト—画像と音声による森林情報のアーカイブ—…… 148

3　省察的補完—直接体験時に気づけなかった現象の観察—…… 151

4　時空間的拡張—直接体験が困難な現象の観察—…… 154

5　大都市圏における環境教育・ESDの充実に向けて…… 156

6　おわりに…… 158

第4部　さまざまな主体の連携・協働・交流をどのように進めるか

第12章　世界的潮流から見た都市域での環境教育・ESD
――マルチ・ステークホルダーの連携を通して―― …………… 160

1　はじめに…… 160
2　ESDにおけるステークホルダー…… 161
3　ESDにおけるステークホルダー連携の事例…… 163
4　日本におけるマルチ・ステークホルダー連携促進のための取組事例…… 165
5　大都市圏における環境教育・ESDの充実に向けて…… 168
6　おわりに…… 168

第13章　都市域における協働を通した環境教育・ESD
――川崎市における環境教育の歴史的変遷と協働の事例から――
………………………………………………………………………… 171

1　はじめに…… 171
2　工都・川崎市のはじまりと公害対策のあゆみ…… 171
3　川崎市における環境行政のあゆみ…… 173
4　川崎市の公害学習と環境教育・学習の始まり…… 175
5　川崎市における環境教育行政のあゆみと地球温暖化対策…… 176
6　大都市圏における環境教育・ESDの充実に向けて…… 179
7　おわりに…… 180

第14章　都市域と農山村のつながりによる環境教育・ESD
――山村留学を通して見られた都市と農山村の交流――……………… 183

1　はじめに…… 183
2　山村留学について…… 183
3　調査地について…… 184
4　調査の手続きについて…… 187
5　調査の結果…… 187
6　調査から見えた山村留学の成果と課題…… 191

7　大都市圏における環境教育・ESDの充実に向けて…… **192**

　8　おわりに…… **193**

終章　大都市圏における環境教育・ESD
　　　―その展望と課題― ……………………………………………………… **194**

　1　はじめに…… **194**

　2　大都市圏の意味するところ…… **194**

　3　大都市圏における環境教育・ESDとしての意味合い…… **198**

　4　大都市圏における環境教育・ESDの充実に向けて…… **203**

　5　おわりに…… **206**

おわりに ………………………………………………………………………… **207**

序章　大都市圏における環境教育・ESDの展望
―日本の持続可能性を視野に入れて―

阿部　治

※本章は、日本環境教育学会関東支部の第29回定例研究会（2014/7/13）における口頭報告をもとに作成したものである。

1　なぜ「大都市圏」に焦点を当てるのか

　本章では、持続可能性を目指すための大都市圏における環境教育・ESDについて、考えを述べたい。各論としては、本書にあるような様々な議論が必要となるが、ここでは総論として、大局的な観点から、本書のテーマとそれに関わる大都市の現状について述べていきたい。

　はじめに、なぜ「大都市（圏）」をキーワードにするのかという点である。これについては、東日本大震災を契機に、大都市のあり方を考えたという点が、最も大きな理由である。さらに、2040年の日本の人口がどうなるのかという、最近話題になっている大きな問題がある。2040年の人口は、今の1億3千数百万人が、1億700万ぐらいになると予想されている。つまり、およそ3千万人が減ることになる。特に、地方の人口は、減っていく。ところが東京だけは、そうではない。より一極集中となっていく。この報告を作成した日本創生会議の増田寛也氏は、これを「極点社会」と呼んでいる。人口1万人に満たない自治体が数多く生まれる一方で、出産に適する年齢の女性の割合は減り、結果として少子化が進行し、消滅可能性自治体が数多く生まれるという衝撃的な内容である（増田寛也『地方消滅』中央公論新社、2014年）。

　そういう意味では、「人口回帰」、すなわち、都市から地方に若者たちが帰

11

っていく必要がある。また、若者だけではなくて、高齢者の問題も考えてい
く必要がある。遠くない2040年までに、そうしたことを考えていかなければ
ならない。これらの問題が指摘されている中で本書を刊行するということは、
どういう社会を目指しているのかが本書の執筆者たちに問われることになる。
つまり、現在の都市部における環境教育やESDの紹介にとどまらず、20年後、
30年後、そういう時代に大都市（必然的に地方も）や日本はどうあるべきな
のかという問いへの、答えを探らなければならない。

　例えば、大都市圏で環境教育やESDを実践していくことによって、むしろ
地方が活性化されるような、そういう方法もあるのではないか。ターゲット
が都市の人たちであっても、その結果として、地方の人たちが元気になり、
地方が活性化される道があるのではないか。都市で環境教育やESDに触れた
人たちが、それを契機にどんどん地方に帰っていく。そういうことも、目指
すべきではないだろうか。

　あるいは、大都市の大きな特徴として、人口が多いため人材が豊富である
という点がある。その人材の中には、研究者・教育者、企業経営者、政府関
係者、議員などいわゆる政策立案者とその関係者が大都市圏には多数存在し
ており、これらの人々への働きかけが可能であるという側面もある。

　以上のように「大都市」は、独自に焦点を当てるだけの必要性と意義があ
る。大都市圏における環境教育・ESDを、何を目的として推進していくかと
いうことが、本書を端緒として今後は議論されることを期待している。

2　都市と持続可能性の問題

　都市における持続可能性という問題を考えていくとき、100年も前の話に
なるが、エベネザー・ハワード（Ebenezer Howard）という都市計画者・
建築家が提唱した、田園都市構想が思い起こされる。これは、当時のロンド
ンに人口が集中していくことで、自然からの隔離、遠距離通勤、失業、環境
悪化などの問題が起きてきたことを背景としている。そこでハワードは、こ

のような大都市ではなく、人口３万規模で、都市と自然がしっかり共生していくような都市を構想した。この構想は、世界や日本に影響を与え、例えば、田園都市線のような東京近郊の街が生み出された。その意味では、都市の持続可能性の問題は、最近になって気付かれたわけではない。ただ、現在世界の人口の50％以上が大都市に住んでいるなかで、これから世界の人口が急激に増えていき、近いうちに70％以上が大都市に住むだろうと予測されている。そして都市への人口集中に伴う災害リスクが高まることが予想されている。この状況の中で、何とかその危険を回避するような、言い換えれば、都市から地方に人口が回帰するような、そういうシナリオを描く必要がある。それは、環境教育・ESDにとっての課題でもある。本書の各章が、こうした課題に寄与するものになって欲しい、という期待を持っている。

3　日本は課題先進国である

　また、日本が、課題先進国であるという点も重要である。つまり、様々な課題が、日本において、いち早く顕在化している。その最たるものが、原発事故と言える。すでに述べた、地方の過疎化、少子高齢化、これに伴う第一次産業の衰退、里山の崩壊などは、近い将来、諸外国、特にアジアの国々が直面していく課題だと考えられている。

　そうだとすると、今の日本で見られる様々な課題は、近未来の諸外国にも生じる共通の課題だと捉えられる。この課題にいち早く取り組み、解決の道筋を探ることに意味がある。例えば、都市であっても住みやすい都市につくり変えていく、あるいは、地方も持続可能な地域につくり変えていく、という課題がある。これを、環境教育やESDが扱っていくということは、大変重要な作業となる。このような大きな課題への挑戦に、本書もつながっていくのではないだろうか。

　実は、東京を含む大都市圏には、その経験もある。江戸時代には、江戸は、当時世界最大の都市だったと言われている。当時は江戸以外にも、パリのよ

うな大都市があったが、伝染病が頻繁に流行していた。ところが、江戸では、汚物を人肥として近郊の農村とやり取りしたため、疾病の原因となる衛生問題の改善が実現した上に、近郊との農作物の流通を含む循環型社会ができあがったのである。江戸が良かったという単純な礼賛ではなく、江戸における循環という思想と、その社会システムには、学ぶべき点が多いのではないだろうか。

4　大都市が有利な点

　以上を踏まえると、まずは、都市であることが有利な点と不利な点はそれぞれ何かを、明確に分けることはできないとしても、整理することが必要である。例えば、最も有利な点は、人口が多いということである。もちろん、これは逆に不利な点でもある。しかし、人口が多いということは、そこに多様な人材がいる可能性が高いということでもある。環境教育やESDに取り組む人材も多いし、政策決定者のような社会的に影響力のある人々も多い。これは有利な点として捉えることができるのではないか。

　あるいは、これとも関連するが、大都市には企業の多くがその中心を置いている。企業が集積しているということは、環境教育・ESDと関わるCSR活動の中心も大都市にあることを意味している。環境教育・ESDに関わるインフラも、大都市では豊富に見いだせる。博物館とか、環境（学習）センターのような施設が、都市部には整備されている。同様に大学をはじめとする高等教育機関が数多く存在することも利点である。大学では持続可能性にかかわる多様な研究がなされており、これらの成果を環境教育・ESDに活用できるだけでなく、環境教育・ESDの活動の担い手として大学教員、さらには多くの学生たちを活用することができる。

　また、より広義のインフラの観点でも、大都市には建物が集中しているが、エネルギーの効率的な利用というメリットがある。一方で、地方の場合では、例えば移動手段の中心が自家用車であるなど、公共交通機関が大都市ほど充

14

実しておらず、エネルギーが非効率に使用されている面がある。

さらに、大都市では多様な文化に触れやすい。国内の文化の面でもそう言えるが、むしろ世界中の人々が集まることによる、多国籍文化がある。

以上のような大都市の特徴は、また別の課題を生むこともあるが、少なくともこのような点を、有利な点と捉えてよいのではないか。

5　大都市が不利な点

しかし、大都市には、不利な点も多い。最初に、すでに述べたように、人口が密集している。これは、良い面でもあり、悪い面でもある。まずは、莫大な廃棄物が生じてくる。あるいは、エネルギーも莫大に消費されている。水や食糧も同様である。そして、大都市では一般に、人間関係が非常に希薄化している。この点については、国交省による、人口が多くなるほど人間関係が希薄化する、というデータからも裏づけられる。

これらの個々の点を、もう少し述べたい。まず、莫大な廃棄物とは、水や食糧や多様なモノが消費された結果でもある。もちろん、様々な対策は取られていて、例えば、東京の場合、プラスチックごみ等のサーマルリサイクルに取り組んでいるとは言え、燃やすことで処理してよいのかという問題は残る。また、エネルギーについても、大都市は生産地ではなく、大消費地である。東北などの遠隔地で生産して、大都市で消費するという構図がある。省エネルギーなどの様々な対策が取られていても、基本的な構図に変わりはない。また、風力のような再生可能エネルギーも、まだ非常に少ない。

さらに、大都市には、自然度が低いという不利な点がある。言い換えれば、生物多様性が非常に低いのである。すでに述べたように、大都市の人々は、水や食糧などを含めて様々なモノを消費しており、生態系サービスを莫大に消費している。にもかかわらず、大都市の人々は、その生態系や生物と、なじみが薄く切り離されているという矛盾がある。例えば、都市で育った子どもたちが、いわゆるエコフォビア的、自然忌避症的な感性を育んでしまって

はいないだろうか。こうしたことも含めて、都市における自然との関わりの希薄化や、都市での生物多様性の低下は、大きな課題である。

　この他にも、大都市では、水の循環が非常に見えにくいという不利な点がある。端的に言えば、水辺や河川が、暗渠化されてしまっている。それにより、人々と水辺や河川との関わりが、切られてしまっている。ところが、近年の集中豪雨では、水処理が間に合わずマンホールから水が噴き出るというような現象も見られる。水辺を、どのように「見える化」していくかについては、これからの都市の大きな課題である。

　さらに食料の問題もある。つまり、都市は食料を地方に依存している。この、地方から都市への一方向の物の流れを、どのようにとらえていくべきかというのも、江戸時代の循環の視点からみて大きな課題である。

　都市住民の高齢化は医療や介護・福祉などの問題が指摘されているが、コミュニティの問題もある。アパートや高層住宅、あるいは団地のような都市型の住宅と、高齢化が結びついて、大きな問題を生みつつある。

　外国人労働者とその子供たちが、大都市に集中しているという問題もある（このこと自体が問題というのではないが、これに伴って対応すべき様々な問題が生まれている）。例えば新宿区内のある小学校では、児童のおよそ7割が外国人である。もちろん、地方でも、地域によっては外国人労働者が多い場合があるが、東京のような大都市では、特にその傾向が顕著である。

　大規模災害の可能性、特に都市直下地震の可能性も、非常に大きい。大都市では、人口密集や建造物の特徴上、深刻な被害が生じる懸念がある。そういう中で、防災対策や減災・災害教育にどう取り組むべきかという点も、持続可能な社会の実現と関わる問題である。

6　不利な点を克服するための取り組み

　以上のように、大都市の不利な点は、数え上げればきりがない。しかし、大都市には人口が集中しているので、効率的な対策が採られた場合には、効

果も大きい可能性がある。

　例えば、CO_2排出を削減して低炭素社会を目指そうという場合、都市部の窓を換えるだけでも、かなりの効果があると言われている。実際に、ある日本のガラス会社が、革新的な製品を生み出せるという可能性を語っている。そういう意味では、大都市での取り組みが、日本のエネルギー消費を劇的に減らすことにつながる可能性がある。

　生物多様性についても、何らかの対策や取り組みによって、効果をあげることはできる。例えば、都市の生物多様性は非常に低いが、逆に見れば、都市の生態系ピラミッドは、非常に単純で分かりやすいことを意味している。また、明治神宮の森のように、造られた自然でありながら、都心の里山的な意義をもつところもある。都市の中でも、例えば、銀座で養蜂を行っている銀座ミツバチや各種のビオトープのように、生物多様性保全のための都市ならではの試みは可能なのである。また、日本自然保護協会の登録制度である自然観察指導員の東京連絡会では、もう30年以上も都心で自然観察会をやっている。その中で、都心の自然の変化や、都市の中での素材をどのように活かすかという、ノウハウも蓄積されている。

　水循環の問題についても可能性はある。都市が発達した所にはどこでも、ふつうは大きな川がある。東京では、荒川、隅田川、多摩川などである。最近の都内の都市計画では、ウォーターフロントの魅力を活かそうとしている。川風だけでなく、海風を使おうという観点から、建物の配置を考えるケースもある。また、「親水」として、水に親しめる所を整備しはじめており、あちこちで見られるようになってきた。これらの取組を、都市での環境教育・ESDに生かすことができるのではないかと考えている。

　食料の問題については、地産地消的な試みが都市農園や市民農園、コミュニティガーデンのような形で行われている。高齢化とコミュニティの問題も、多摩ニュータウンのような大規模な団地では顕著に進んでいるが、逆にこれらの問題が環境教育・ESDを推進していく一つのきっかけにもなっている。

　外国人労働者とその子供たちが、大都市に集中しているという点も、多文

化理解や異文化理解の必要性を増し、環境教育・ESDを進めていくことにつながる可能性もあると考えられる。

　以上のように、大都市における不利な点も、取り組み方によっては、持続可能な社会を目指すことにつながる可能性がある。例えば、「スマートシティ」という、持続可能な都市をつくるという取り組みも、2008年頃から始まっている。代表例の一つが、千葉県柏市の東京大学「柏の葉キャンパス」で行われている。これは、経済効果を生み出すビジネスモデルとしても注目されており、コンビニエンスストアから建設業まで、様々な企業の共同プロジェクトとして取り組まれている。この柏の葉キャンパスにおいては、環境に配慮したまちづくりだけではなく、人と人が関わるコミュニティをつくっていこうという発想がある。地域の人たちがワークショップをするようなスペースもあり、様々な活動のしかけも導入している。

7　大都市圏における環境教育・ESDの役割と意義

　これまで述べた取り組みが実際に成功しているかはひとまず置くとしても、大都市圏では、持続可能性な社会を目指して、すでに様々な取り組みが、まだ十分とはいえないまでも着手されている。こうした点を踏まえて、ハワードが言ったことを改めて捉えなおすと、結局は、都市と農村の両方が必要なのだということではないだろうか。そのために、都市と農村の結婚・カップリングをどうするのかという、人類の永遠の課題に、今も向き合っているのである。

　このように考えた場合、例えばスマートシティのような典型的なサステイナブルシティやエコタウンを目指すという取り組みにおいて、環境教育・ESDが果たす役割とは何なのであろうか。つまり、その場所が、学校教育の場としてどのように活用されていくのか、あるいは、生涯学習の場としてどうなっていくのか。あるいは、人と人との関係をつなぐ場や、自然との関係をつなぐ場として、どのような意味を持つのか。また、ハードで造られた都

序章　大都市圏における環境教育・ESD の展望

市であれば、一定の時間が経過すればインフラは老朽化していく。老朽化したあとの未来をどうしていくかも考えなければならない。こういうことも含めた、これからの都市づくりの中に、環境教育・ESDの視点が寄与することがあるのではないだろうか。

　また、日本の人々は他国に比べて、環境問題の意識は高いけれども、実際に行動にはなかなか移さないという傾向があることが指摘されている。つまり、地球環境に配慮した行動が、便利な生活を犠牲にしたくないために、日常的な行動にはなっていないのである。そういう意味で、都市の住民が意識を変えて小さな一歩を踏み出すだけでも、かなり大きな変化につながる可能性がある。これも、大都市における環境教育・ESDを進めていくことの、ひとつの大きな意義ではないかと考えている。

8　おわりに

　以上をまとめると、まず、大都市にはいろいろな課題が山積している。それは、日本だけのことではないが、日本は先行して課題に直面しているという状況にある。そこで、世界も視野に入れつつ、大都市における環境教育・ESDのあるべき姿を構想し、目指すものを検討し、その効果を検証していくような取り組みが必要である。

　これは大都市だけの課題ではなく、当然その過程で、地方を見ることにつながる。つまり、都市の課題に取り組むなかで、都市と地方で人口が交流するような視点が重要となる。実際に、そのしくみとしては、たとえば、姉妹都市というものがあり、筆者が働いている豊島区でも国内10自治体程と連携している。災害時の相互支援や自然体験活動などの都市農村交流など、都市と地方が補完し合うようなしくみもつくられている。

　しかし、これらは、環境教育・ESDとしては、あまり捉えられていないし、検討も不足している。都市の抱えている課題を扱うと同時に、そのための人づくりをどうしていくかという視点が、まだ十分とはいえない。また、様々

19

な取り組みがあるとはいえ、大都市も地方も、持続可能性という視点から、その在り様をまだまだ変革していく必要がある。そして持続可能な未来のビジョンを市民自らが主体的に描き・実現に向けて行動していくためには、市民教育の視点が極めて重要である。そのため、市民参加をどうするのか、というような切り口の検討もなされる必要がある。この他に、都市の課題と、都市のカウンターパートとしての地方の課題と、都市と地方のカップリングの課題とを、それぞれどのように克服していくのかという実際の手法を検討する必要もある。

しかし、本書の射程は現実には、首都圏を中心とした大都市圏に、概ね留まっている。本来は、その先に、首都圏以外の場合をも視野に入れた検討が必要である。例えば、北九州市は100万都市（近年、100万を若干下回った）だが、かつては典型的な公害都市であった。それが、現在では環境都市に変貌し、積極的に環境教育・ESDに取り組んでいる。このような、他の大都市圏での取り組みについても、目を向けていく必要があるだろう。また、首都圏以外にも、大都市は存在するが、持続可能な社会を目指す上でのそうした地方の大都市の役割や、そこでの環境教育・ESDについても、考えていく必要がある。さらに、大都市圏の側からではなく、地方の側から見た大都市圏という、視点を反転させた検討も必要である。

とはいえ、そもそも本書では、「大都市圏」とは何を指し、「地方」とはどのような概念であるのか、という点での子細な検討や合意形成も、十分にはなされていない。したがって、本書は大都市圏の環境教育・ESDが抱えている課題に対し、その全てには応えてはいないかもしれない。しかし、首都圏を中心とした大都市圏で、地道に研究や実践を続けてきた著者たちが、色々な問題意識を持ち寄って、作り上げられたものが本書である。すべてを網羅できてはいないものの、今後の大都市圏における環境教育・ESDへの希望が見えるような、将来の展望や先駆けの一端だけでも提示することができれば、ひとまずの成果としてよいのではないだろうか。本書を契機として、大都市圏における環境教育・ESDが、さらに深まっていくことに期待したい。

第1部

大都市圏における環境教育・ESDのとらえ方

第1章　なぜ大都市圏に着目するのか
―日本環境教育学会関東支部会員へのアンケート調査結果から―

福井　智紀

1　はじめに

　本書の構想は、日本環境教育学会関東支部の活動のなかで生まれてきた。日本環境教育学会関東支部は、有志による研究・交流の場として発足した東京勉強会を母体とし、2006年度より正式な学会支部となった。以降、本書の監修者のひとりである阿部治を支部長とし、支部大会や定例研究会などを通じて、関東地区における環境教育研究・実践の推進に努めてきた。

　2011年3月11日の東日本大震災（東北地方太平洋沖地震）と、それを発端とする福島第一原子力発電所事故を受けて、関東支部として、あるいは、関東地区において環境教育に携わる一研究者・一実践者として、何かすべきことがあるのではないか、というような問題提起がなされるようになった。もちろん、日本環境教育学会をはじめ、国内ではすでに様々な環境教育・ESDの研究・実践がなされてきた。また、3.11を受けて、様々な考察や授業研究がなされてきた。日本環境教育学会でも、いち早く教材の開発に着手し、その成果は『授業案　原発事故のはなし』として刊行されている（日本環境教育学会 2014）。また、本書の監修者のひとりである朝岡幸彦を中心に、『東日本大震災後の環境教育』も刊行されている（日本環境教育学会 2013）。しかし、関東はエネルギーや物資の大量消費地であり、日本の経済の中心地である[1]。環境教育・ESDの研究や実践に取り組んできた者として、まだなすべきことが見過ごされているのではないだろうか。このような問題意識が、構想の発端であった。

第1章　なぜ大都市圏に着目するのか

　そして、持続可能性に関わる「大都市圏に固有の問題群」を見出し、それに率先して取り組むことを目指そうという動きが生まれてきた。この動きは、「持続可能性をめざす大都市圏における環境教育・ESDの具体化に向けて」というテーマで、日本環境教育学会のプロジェクト研究Ⅳとして承認され、2012年度より2015年度までの４年間に渡り財政援助を受けてきた。プロジェクト研究の代表者は、本書の編者である筆者と佐藤真久が、共同で務めた。

　この間、支部の定例研究会などの場を活用して、参加者の研究・実践を報告し合い、意見交換を進めてきた。また、学会の全国大会や弥生集会でも、進捗状況を報告するとともに、テーマに関わる様々な意見を取り入れるべく努めてきた。また、2016年度は、これらの成果を『報告書』としてまとめて広く公表するために、準備を進めてきた。本書は、この『報告書』の作成を進めていく中で、監修者ならびに出版社のご厚意により、書籍として刊行させていただく機会をいただいたものである。なお、2016年度末までの活動の経緯は、章末の**表1-1**にまとめて示す。支援をいただいた日本環境教育学会と、これまでの活動にご参加いただき、貴重なご意見をいただいた方々に、この場を借りて御礼申し上げる。

2　大都市圏における環境教育・ESDとは
　　―アンケート調査の実施―

　以上を踏まえると、本書の各章は、「持続可能性をめざす大都市圏における環境教育・ESDの具体化に向けて」というテーマに対する、執筆者による各々の回答でもある。しかし、環境教育については、もともと様々な主義主張があり、そのうえで「持続可能性」、「大都市圏」、「ESD」を念頭に置き、それを「具体化」しようとすれば、多種多様な下位テーマが考えられる。**表1-1**にも示したように、我々も当初、この大きなテーマに対して、どのように取り組むべきなのかについて、何度も研究会などの場で話し合った。しかし、なかなか明確な答えを導きだせないでいた。そこで、我々の掲げたテー

23

第1部　大都市圏における環境教育・ESD のとらえ方

マに対して、大都市圏の研究者・実践者がどのような意見を持つかを知りたいと考えた。そのため、以下で紹介するようなアンケート調査を実施することにした。ただし、資金・マンパワーの点から、調査対象者は、関東地区に限定せざるを得なかった。なお、この結果については、第32回定例研究会において報告し、参加者による意見交換を行った。

(1) 時期

　2015年2月に発送

　2015年3月までに同封ハガキで返信するよう依頼

(2) 対象

　日本環境教育学会の関東地区所属会員（個人および団体会員）[2]

　672通を発送したが、宛先不明等を除外した後の対象者は667通

(3) 回収数

　37通（未記入等4通を除外し、メールによる回答1通を含む）

(4) 実質回収率

　約5.5%

(5) 質問項目

【質問1】一般的・全国的な環境教育・ESDの実践・研究に加えて、大都市圏（東京近郊など）において、さらに必要である（または現在不足している）テーマや内容があれば、なるべく具体的にご記入ください。

【質問2】関東支部で取り組んでいるこのプロジェクト研究IVについて、これまでに知っていましたか？（知っていた　・知らなかった）

【質問3】このプロジェクト研究IVに関わる定例研究会・ワークショップ等に、一度でも参加したことがありますか？（ある　・ない）

　「ある」方へ：参加して、どのように感じましたか？

【質問4】関東支部の定例研究会などで、今後どのような内容を取り上げて欲しいですか？

【質問5】上記のほか、ご意見・ご感想などがあればご記入ください。

第1章　なぜ大都市圏に着目するのか

3　大都市圏における環境教育・ESDに対する様々な意見

　アンケートの実質回収率が小さく、回答数も多くないため、本書に関わる質問１については、調査結果を章末の**表1-2**にすべて記載する。また、本書に直接は関わらない質問項目である４および５については割愛する。

　質問１では、「一般的・全国的な環境教育・ESDの実践・研究に加えて、大都市圏（東京近郊など）において、さらに必要である（または現在不足している）テーマや内容があれば、なるべく具体的にご記入ください。」という問いを設けた。ただし、ハガキによる回答のため、自由記述回答と言っても、紙幅の制約上およそ25×80mmの回答欄しか設けられなかった。

　表1-2を見ると、回答件数は少ないものの、それでも実に多様な問題意識が示されていることが分かる。例えば、東京五輪の開催や基地問題などは、関東支部の中での議論を振り返ると、これまでほぼ見落とされていたと思われる。一方で、調査時期が2015年ということもあるだろうが、我々が予想していたよりも、震災・原発関連の回答は少なかった。また、俯瞰的な立場から問題意識を述べている回答もある反面、高度に専門的あるいは具体的な回答も散見される。このことは、アンケートの対象者で、かつ回答を寄せてくれた方々は、環境教育において何らかの研究や実践にすでに取り組んでいる人々であるため、自己の関心領域が明確かつ専門分化していることが、背景にあるのではないか（もちろん、回答率などを考慮すれば、安易な断定や推測はできないが）。

　いずれにしても、これまでに全国各地で様々な環境教育の研究・実践が取り組まれてきたが、震災・原発事故以後の大都市圏を念頭に置いた場合には、まだまだ十分とは言えないことを、この結果は示唆しているものと考えられる。本来であれば、その課題へのひとつの回答が、プロジェクト研究の成果物としての本書であるべきである。しかし、これらの様々な意見の存在を目の当たりにすると、我々の限られた知恵と時間で得られたものは、まだ取り

25

第 1 部　大都市圏における環境教育・ESD のとらえ方

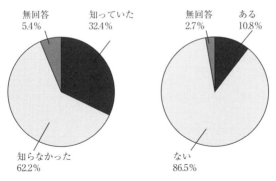

図1-1　取り組みの認知度（N=37）　　図1-2　取り組みへの参加経験（N=37）

組みの端緒に過ぎないことに改めて気づかされる。

　次に、質問2「関東支部で取り組んでいるこのプロジェクト研究IVについて、これまでに知っていましたか？」への回答を、**図1-1**に示す。また、質問3「このプロジェクト研究IVに関わる定例研究会・ワークショップ等に、一度でも参加したことがありますか？」への回答を**図1-2**に示す。

　図1-1のように、3割程度に取り組みが認知されていたようである。また、**図1-2**のように、参加経験は1割程度である。このことは、回答者は、関東地区の環境教育学会員であるうえ、おそらくその一部は関東支部の会員であることによると推察される。しかし、この調査以前にも**表1-1**に示したような取り組みを進めていたにも関らず、調査時点では6割以上に認知されず、8割以上に参加経験がないということは、この取り組みや我々の問題意識の共有が、少なくとも調査時点において、一部の人々に限られていたことを示しており、大きな反省点である。ただ、**表1-1**に示したように、調査以後も、定例研究会や、日本環境教育学会の全国大会や弥生集会などで、情報発信や意見交換を何度も行ってきた。経緯と簡単な報告は、日本環境教育学会の学会誌『環境教育』にも掲載された。現状はもう少し、改善しているのではないかと期待している。プロジェクト研究の最終報告でもある本書の刊行を契機に、筆者らの抱いた問題意識や、それに基づく取り組みについて、さらに研究・実践の輪が広まっていくことを願っている。

4 大都市圏における環境教育・ESDの充実に向けて

　次章以降、本書では、目次に見られるように13人の著者が順に、東日本大震災・福島第一原子力発電所事故以後の、21世紀の大都市圏に求められる環境教育・ESDについて、各人の実践を紹介したり、考察を述べたりしている。プロジェクト研究の進行中や本書の作成にあたり、可能な限り情報交換や意思疎通を試みてきたが、それでも担当章によって、そこで提示されている環境教育・ESDの姿や、その背景にある教育観には、違いが見られる。しかし、これらのやや趣の異なる章が全体として、大都市圏におけるこれからの環境教育・ESDに対して、一定の範囲をカバーしているのではないだろうか。一方で、我々の考えてきた大都市圏における環境教育・ESDが、それでもなお狭い視野に限定されていることは、上で述べてきたアンケート結果からも明らかである。そもそも、東京近郊は世界有数の「大都市圏」であるにせよ、国内にはまだ多くの大都市圏が存在する。世界に目を向けても、歴史的背景を異にする多数の大都市が存在する。本書の内容が、これらの大都市圏での普遍性を持つ内容であるとまでは、到底言えないであろう。とは言え、以上に述べたことから、我々がなぜ「大都市圏」というキーワードに敢えてこだわって、プロジェクト研究や本書の刊行を進めてきたのか、問題意識だけでも伝わったのではないだろうか。

　なお、このような問題意識を踏まえて、以降の各章では、「大都市圏における環境教育・ESDの充実に向けて」と見出しが付けられた節を、統一して設けることにした。各章の内容が、本書全体の問題意識のなかでどのような意義を持つのかを、担当の著者にあらためて考察していただいている。

5 おわりに

　今回のプロジェクト研究および本書の刊行は、日本環境教育学会関東支部

第 1 部　大都市圏における環境教育・ESD のとらえ方

として初めての試みであった。所属、立場、思想の異なる研究者や実践者が
共同することで、随所で刺激的な意見交換もなされたものの、全体としての
内容の深まりについては、いまだ不十分な部分も残っている。例えば、それ
ぞれの研究や実践に基づく報告ないし主張は、本書の各章に結実することが
できたと考えるが、プロジェクト全体としての相乗効果を発揮するまでには、
いまだ至っていないと思われる。本書を終着点ではなくあくまで一里塚とし
て、今後もともに研究・実践に取り組んでいきたいと考えている。

注
（1）2016年度の日本の名目GDPは537兆円で、東京都は94兆円。東京を含む関東・
　　　首都圏は、国家レベルの経済規模をもつ。参照、「東京都のGDP、世界16位
　　　（Tokyo Data）」『日本経済新聞（電子版）』2017年 7 月 2 日、http://www.
　　　nikkei.com/article/DGXLASFK29H26_Z20C17A6000000/（2017年 8 月 9 日最
　　　終確認）
（2）日本環境教育学会では現在のところ、関東地区学会員を中心に、希望者のみ
　　　を別途、関東支部会員としている。そのため、関東地区会員のおおよそ 5 分
　　　の 1 程度のみが、関東支部の会員となっている。また、関東地区以外の学会
　　　員も希望があれば支部会員としているため、人数は少ないものの、北は北海道、
　　　南は沖縄県にも、関東支部の会員は存在している。

引用参考文献
日本環境教育学会「原発事故のはなし」授業案作成ワーキング・グループ『授業
　　　案　原発事故のはなし』（国土社、2014年）
日本環境教育学会関東支部（福井智紀・佐藤真久）「プロジェクト研究報告：持続
　　　可能性をめざす大都市圏における環境教育・ESDの具体化に向けて」（『環境教育』
　　　Vol.26、No.1、2016年）87ページ
日本環境教育学会年報編集委員会『東日本大震災後の環境教育』（東洋館出版社、
　　　2013年）

第 1 章　なぜ大都市圏に着目するのか

表 1-1　学会プロジェクト研究Ⅳに関する活動の経緯

開催日	活動内容
	準備段階（正式承認前）
2011/6/18	第 19 回定例研究会（テーマ全般に関する意見交換・討論）
2011/10/2	第 20 回定例研究会（テーマに関する支部会員からの話題提供と質疑応答）
2011/12/11	第 21 回定例研究会（同上）
2012/7/7	第 23 回定例研究会（全国大会・総会における正式な承認に向けての意見交換）
	正式承認後
2012/10/28	第 24 回定例研究会（話題提供／佐藤真久・東京都市大学「川崎市の環境関連活動の協働・連携について」）
2012/12/23	第 25 回定例研究会（話題提供／高橋宏之・千葉市動物公園「大都市圏における環境教育・ESD の場としての動物園」）
2013/3/2	第 7 回関東支部大会（ワークショップ実施）
2013/5/18	第 26 回定例研究会（話題提供／渡邊司・SAPIX 環境教育センター「進学塾の環境教育実践からみた児童生徒」および荘司孝志・都立つばさ総合高校「つばさ総合高等学校の環境への取り組みについて」）
2013/7/7	第 24 回全国大会（研究内容の紹介と意見交換）
2013/12/21	第 27 回定例研究会（最終報告書の内容や構成に関する企画会議）
2014/3/1	第 8 回関東支部大会（ワークショップ実施）
2014/3/2	第 2 回弥生集会（進捗状況の報告と意見交換）
2014/6/7	第 28 回定例研究会（『最終報告書』検討会（1）／悪天候のため意見交換のみで閉会）
2014/7/13	第 29 回定例研究会（『最終報告書』検討会（2）・話題提供／阿部治・立教大学「大都市圏における環境教育・ESD の展望：日本の持続可能性を視野に入れて」および佐藤真久・東京都市大学「川崎市の環境活動に見られる連携・協働プラットフォームと中間支援機能：NPO 法人アクト川崎と NPO 法人産業・環境リエゾンセンターが果たす中間支援機能に焦点をおいて」）
2014/8/3	第 25 回全国大会（研究内容の紹介と意見交換）
2014/9/21	第 30 回定例研究会（『最終報告書』検討会（3）・話題提供／中村和彦・東京大学「大都市圏と森林をつなぐ新しい教育資源の可能性～機会の限られた自然体験を補完・拡張する映像音声アーカイブの活用～」および高橋宏之・千葉市動物公園「大都市圏の動物園における環境教育・ESD の可能性～いのちと生物多様性を考える場として～」）
2014/12/7	第 31 回定例研究会（『最終報告書』検討会（4）・話題提供／木村学・文京学院大学「子どもの成育環境からみた大都市圏における持続可能性～大都市に育つ子どもたちのために～」および三田秀雄・杉並区立東田中学校「大都市圏の学校ではじまっている自然体験学習・ESD ～善福蛙の取組みを事例として～」）
2015/2 月	日本環境教育学会員（関東地区）アンケート実施
2015/3/7	第 9 回関東支部大会（ワークショップ実施）
2015/3/8	第 3 回弥生集会（進捗状況の報告と意見交換）
2015/7/19	第 32 回定例研究会（『最終報告書』検討会（5）・福井智紀・麻布大学「関東地区学会員対象アンケート結果の報告」および報告原稿執筆者「『研究成果報告書』の草稿検討会」）
2015/8/23	第 26 回全国大会（最終報告書の概要・草稿等を紹介）
2016/3/13	第 4 回弥生集会（進捗状況の報告と質疑応答）

注：敬称略。なお、第 22 回定例研究会（2012/12/23）はプロジェクト研究に関する内容ではないため表から除外した。

29

第1部　大都市圏における環境教育・ESD のとらえ方

表1-2　自由記述への回答結果

【質問1】一般的・全国的な環境教育・ESD の実践・研究に加えて、大都市圏（東京近郊など）において、さらに必要である（または現在不足している）テーマや内容があれば、なるべく具体的にご記入ください。

No.	回答内容
1	・大都市圏での環境教育取り組みを学ぶ（里山、農業、エネルギー、施設） ・都市に住んでいては見えてこない、地方の課題
2	・流域思考の気候変動適応策
3	・プロジェクト管理における"good and objectives"の設定を前提とした環境教育プログラムのデザイン・計画及びプログラムの効果測定・評価指標に関する理論研究及び実証研究 ・費用対効果に焦点を当てた産官学協同による環境教育プログラム
4	・関東には「大都市圏」以外にも多様な風土や実践があり、地域（支部）特性を広くとらえて課題設定をしてほしい。そのためのワークショップなども検討されたい。
5	・ESD の学校教育における普及
6	・土壌（土）の有用性について 土壌の働きについての認識がほとんどない状態で、見る機会も少ない。
7	・原発の問題について考えさせる授業を中・高でしっかりやっていくべきだと思います。そのための授業研究をすべきと考えます。
8	・『エネルギーの生産と消費』 ・生産に伴うリスク（例えば原発）と、その使用による恩恵の不均衡に関する教育が都市では必要では？　ex.目的税、など
9	・2020 年東京五輪に向けた環境意識を高める内容 ・ロンドン大会一観衆にペットボトル飲料の利用をやめ水とうでの水道水を推せん　など
10	・環境カウンセラーの活用 ・政治との関わり方
11	・環境教育の実践による効果の評価、考察
12	・大都市近郊における名水保全など
13	・海洋環境について
14	・放射線汚染について ・土壌・食品
15	・都市化にともなう環境の変化との関係に注目した環境教育。
16	・東京での米軍基地問題（騒音・オスプレイ） ・災害時の帰宅困難問題、ライフラインの確保 ・危険ドラッグなど薬物問題 ・ヘイトスピーチなど人権侵害問題
17	・遠くの豊かな自然（森、山、大きな川、海）でなく、足元の身近な自然へ目を向けること。決して豊かとは言えないちょっとした自然で良いので。
18	・都市市民生活環境に関する研究 (1) 市民生活就中〔なかんずく〕、弱者（高齢者、身体障害等）が安全安心して歩ける道、極めて危険な場所を調査して都市生活環境保全の提言をしてほしい
19	・幼児やその親を対象とした"環境教育"は大切かと思います。"虫ぎらい"に象徴される自然との関わり不足は、小さいうちから始まっているのです。
20	・防災 ・外国人（旅行者）を対象とした ESD 取組み
21	・自然エネルギー、（バイオマス等）の活用が、人口集中の都市において、どのように維持できるか。
22	・（自然が少ない地域での）自然体験に関する研究（実施方法、効果、不足する影響など） ・資源、エネルギーを含む持続可能な社会づくりと都市のあり方 ・災害対策と環境教育 ・高齢化社会
23	・農村との連携（都市はそれ自体自主的な生態系ではない） ・都市環境は道具の集積であり、必然的に人間は疎外される
24	・現在どのような内容があるのかわかりませんが、 　・地域の持続性（高齢者の問題など） 　・子どもをめぐる問題など
25	・企業や団体の行う実践
26	・一次産業（農・林・漁業）と自分たちの生活とのかかわり
27	・LCA（ライフサイクルアセスメント）教育への対応
28	・循環型社会を目指す幼小中高大・成人向け「食育プログラム」 ・特に小学校高学年から、中高向け ・自然生態系分野・各教科の単元と連動した「自然プログラム」 ・地球環境問題を中心とした「エネルギー教育」「温暖化防止」 ・当 NPO は上記のテーマに沿って、幼児から、成人向け、20 種を越えるプログラムを開発・実践している。まだ、とても足りない。
29	・都市の防災をめぐる学習 ・都市の学校と被災地との交流 ・戦争をどう教育活動として扱うか ・子どもの SNS・ケータイ・スマホの依存をどう防ぐか ・発達障害を持っている子どもも〔ママ〕急増をどう考え、対応していくか

本欄未記入、よくわかりません、計8

第2章　環境配慮行動としての
ライフスタイルの選択
―シナリオ分析の枠組構築と
「食」に関するアンケート調査に基づいて―

佐藤　真久

1　はじめに

　持続可能な消費と生産（SCP）に関する今日の議論は、従来国内で取り扱われてきた「産業公害」や「生活型公害」の枠を超え、世界の生産、調達、消費の構造をサプライチェーンと捉えつつ、先進国と途上国、都市と農村に住む全ての人々が「グローバルな生活型公害」を認識し、行動する必要性を強調していると言える。国連環境計画（UNEP）と国連経済社会局（UN-DESA）主導による「持続可能な消費と生産（SCP）に関する国連マラケシュプロセス」においても、多様な主体の連携・協働に基づく研究と実践の重要性が指摘され、さらには、消費者教育や情報提供等の政策手段を介しての「消費者行動の変革」が、国連持続可能な開発委員会（CSD）重点4領域における主要政策の一つに位置づけられた。Rio + 20（2012年）では、「持続可能な消費と生産10年計画枠組（10YFP）」が採択され、先進国、途上国を問わず、社会の消費・生産パターンを資源効率性の高い、低炭素で持続可能なものに変革することを目指している。とりわけ、「持続可能なライフスタイル及び教育（SLE：Sustainable Lifestyles and Education）プログラム」は、10YFPを構成する6プログラムのひとつであり、2014年11月に開催された「持続可能な開発のための教育（ESD）に関するユネスコ世界会議」（名古屋）のサイドイベントにて正式に発足した。2015年9月に発表された「持続可能な開発目標（SDGs）」では、SDG12（持続可能な消費・生産）が提示され、生産

第1部 大都市圏における環境教育・ESDのとらえ方

サイドの環境配慮のみならず、消費サイドにおける環境配慮行動、ライフスタイルの選択、教育の重要性が指摘されている。

これまでの環境意識と環境行動の関係性は、環境保全に対して環境意識と環境行動が高い積極的な層が消極的な層を牽引する構造として認識されてきた。しかし近年では、UNEP（2011a）やLeppänenら（2012）のように、持続可能なライフスタイルは、あるべき方向に向けた段階的プロセスがあるのではなく、状況に応じた「ライフスタイルの選択」であるとの報告が出されている。

一方、環境教育概念においても、歴史的に進展していることが国内外において見受けられる。オーストラリア政府は、環境教育概念の歴史的発展段階を、（1）1970年代の環境についての教育（知識伝達・理論型）、（2）1980年代の環境の中での教育（感性学習、直接体験型）、（3）1990年代の環境のための教育（行動促進・態度変容型、参加・対話型）、（4）2000年代以降の持続可能性のための教育、の4段階で提示している。とりわけ、1990年代以降の取組については、「行動に基づくアプローチ（action oriented approaches）」として、実社会における教育的側面（学びと反省）、社会的側面（協同的・協議的行動）、政治的側面（意思決定）をリンクさせた取組が重視されてきている点を指摘し、様々な実践的アプローチ（交渉、説得、ライフスタイルの選択、政治的関与、環境管理、等）を通して、状況的に社会に関わる学習の重要性を強調している（Tilbury *et al.* 2005）。この実践的アプローチでは、経済的、社会的、環境的側面と個人・市民の意思決定を関連づけた「ライフスタイルの選択」も、近年の「行動に基づくアプローチ」の特徴を有する環境教育の取組の一つとして位置付けられている。

2　シナリオ分析の枠組みの構築に向けて

（1）GSSL調査における分析枠組

UNEPは、持続可能なライフスタイルに関するグローバル調査（以下、

第2章　環境配慮行動としてのライフスタイルの選択

GSSL調査）を実施し、「変化へのビジョン」（原題：Visions for Change）を出版した（UNEP 2011a）。本書では、政策立案者やすべての関係者に対し、16か国のGSSL国別調査結果を発表し、効率的で持続可能なライフスタイルに関する政策と各種プロジェクトの開発を提言している。GSSL調査では、すべての人の日常生活における基本要素であると同時に世界の環境や社会に大きな影響を与えている分野として「モビリティ（移動手段）」、「食」、「家事」の３分野を調査対象に設定し、持続可能性の観点から世界の若者の日常生活や期待、将来のビジョンを把握し、理解することを目的としたものであった。GSSL調査で採用された象限表は、縦軸は個人の独立を維持しつつ、協働と共有、地域コミュニティの解決策へ発展させる、［個人（individual）－集団（collective）］の軸であり、横軸は受け身の消費者に抵抗のない解決策から、参加方法を考案し学びや進歩の成果を得る解決策へ発展させる、［負担軽減（relieving）－能力習得（enabling）］の軸であった。GSSL調査では、前述する２軸に沿って、(1) クイック（第二象限：［集団－負担軽減］）、(2) スロー（第四象限：［個人－能力習得］）、(3) 共同（第一象限：［集団－能力習得］）を設定し、これらの象限において９つのシナリオ（野菜セットの定期購入、都市型庭園、ファミリー・テイクアウト、エネルギー管理、都市型コンポスト、集合ランドリー、カー・シェアリング、自転車センター、オン・デマンドの駐車場）を配している。

　GSSL調査の回答者は20か国、8,000人以上の男女であった。男女比は男性46.6％、女性53.3％、年齢は18〜23歳58.3％、24〜29歳26.3％、30〜35歳14.5％、不明0.9％であった。結果、参加方法を考案し学びや進歩の成果を得るスロー（第四象限：［個人－能力習得］）のシナリオが最も好まれ、次に受け身の消費者に抵抗のないクイック（第二象限：［集団－負担軽減］）のシナリオを好む傾向が認められた。高い成果を目指して個人が研鑽を積むシナリオ（第四象限）は行動の大きな変化を伴う場合でも現実的と捉えられた一方、先進的で手軽なサービスを集団で利用する認識しやすいシナリオ（第二象限）は安心感があり、変化に対する抵抗を小さくすると考察された。日常生活にお

33

第1部　大都市圏における環境教育・ESD のとらえ方

ける持続可能なライフスタイルの解決策の開発・実施には、日常生活の習慣
と希望を調査し、持続可能なライフスタイルのシナリオを受入れる動機と障
壁を理解すること、環境・社会・経済的メリットの組合せによる改善と機会
を示すこと等の提言が示された。

（２）開発されたシナリオ分析枠組（佐藤・高岡 2014）

　佐藤・高岡（2014）は、GSSL調査をふまえ、持続可能な消費行動を促し、
ライフスタイルの選択・転換をもたらす取組を考察するにあたり、多様なラ
イフスタイルのシナリオを俯瞰し、実際の課題解決に資するシナリオ分析枠
組を構築している。この研究では、ライフスタイルのシナリオには、理想的
なシナリオが一つあるという前提ではなく、いくつかのシナリオ・オプショ
ンの中から、「ライフスタイルを選択する」というスタンスをとっている。
そして、選択されたシナリオは固定的／単一ではなく、資源・機会の投入や
イノベーションの普及、社会的状況によって異なるシナリオをさらに選択す
る可能性があること（複数シナリオを同時に有する場合も含む）もまた前提
としている。そして、ライフスタイルの選択・転換に関する象限表を用いた
シナリオ分析枠組を採用した研究事例（雀・ディドハム 2010、Sato &
Nakahara 2011、三浦 2012、UNEP 2011a、Leppänen, *et al.* 2012）の比較検
討に基づき、［個人］－［集団］、［受動］－［能動］の二軸からなる象限表
によるシナリオ分析枠組を開発している（**図2-1**）。

　GSSL調査では、「持続可能なライフスタイルは、しばしば個人行動という
プリズムを通じて定義されるが、地域または社会の全体的、総合的なビジョ
ンとして定義されることはめったにない」と述べ、［個人］の側面だけでは
なく、集合・全体的な［集団］の側面に基づく考察の重要性を指摘している。
さらに、持続可能なライフスタイルのシナリオは、(1) 製品を個人で所有す
るという、個人を重視した解決策はプライバシーと個人の独立を維持しつつ、
協働と共有の形態や地域連携に発展することにより、持続可能なシナリオに
なること、(2) 受け身の消費者に抵抗のない解決策は参加方法を考案し、利

第2章　環境配慮行動としてのライフスタイルの選択

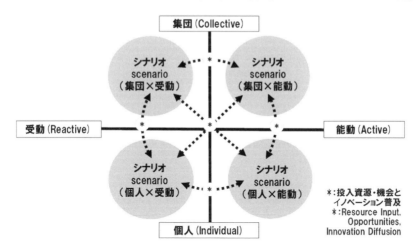

図 2-1　ライフスタイルの選択・転換に関するシナリオ分析枠組
（佐藤・高岡、2014）

益を得られる解決策を特定のニーズにあわせてカスタマイズすることにより、消費者に複数の環境配慮行動の形態を与えること、といった2軸により分類され、［個人］、［集団］それぞれのシナリオは［受動］から［能動］へ発展することにより、進展を促すシナリオとしての可能性を指摘している（UNEP 2011a）。ライフスタイルの選択・転換に関する類似の研究事例からも、同様な／類似的な要素が抽出されており、［個人］－［集団］、［受動］－［能動］の二軸の重要性が窺える。

3　シナリオ分析枠組を活用した「食」の選択に関するアンケート調査

本節では、日常生活の基礎であるともに、世界の環境や社会に大きな影響を与えうる「食」分野の持続可能なライフスタイル及び教育（LSE）に注目する。

第1部　大都市圏における環境教育・ESD のとらえ方

（1）各象限を代表する「食」の選択に関するシナリオの開発

　本調査では、「食」分野において、**図2-1**に示す二軸からなる象限表それ
ぞれに１つのシナリオを設定した。各象限を代表するシナリオは、GSSL調
査を参考にしつつ、（1）［個人・受動］のシナリオとして、「小売店において
環境に配慮した食品を購入する」（環境配慮食品の販売という社会サービス
の利用による個人の選択行動、以下、［個人・受動：食品グリーン購入］）、（2）
［集団・受動］のシナリオとして、「地元の生産者が販売している野菜セット
を定期購入する」（地産の野菜セットの販売という社会サービスの共有によ
る地域住民（集団）の選択行動、以下、［集団・受動：地産地消と定期購入］）、
（3）［個人・能動］のシナリオとして、「都市型農園（市民農園、家庭菜園等）
において野菜・果物を栽培する」（健康・環境に配慮した質の良い野菜・果
物を栽培するという個人の選択行動、以下、［個人・能動：家庭菜園］）、（4）
［集団・能動］のシナリオとして、「健康・環境に良い家庭料理のホームパー
ティーを催す」（健康・環境に配慮した質の良い料理を共有するホームパー
ティー参加者（集団）の選択行動、以下、［集団・能動：エコ料理パーティ］）
とした。

（2）首都圏在住の成人を対象としたアンケート調査の実施

　2013年11月20日から25日にかけてオンラインのアンケート調査を実施した
（調査会社マクロミル：当時モニター数115万8,763人に委託）。調査対象者は
首都圏在住（東京都、神奈川県、千葉県、埼玉県）の成人とした。調査対象
の設定は、サンプルの割付法を採用し、性別によるサンプルは各性（男・女）
50%とし、年齢によるサンプルは各年代（20〜60代以上）20%とした。本調
査は２段階で行い、第１段階として、調査会社のデータベースの基本情報で
抽出した首都圏在住モニター 115万8,763人に対し、まず関心分野についての
調査を行い、「食」と回答した対象者を第２段階の調査対象者とした。結果、
有効回答数は520、各性別260、各年代別104の回答となった。回答者の分類は、

36

第 2 章　環境配慮行動としてのライフスタイルの選択

「食」の選択に関して開発されたシナリオ（前述）の選好性に基づき、シナリオ選好グループとして 4 分類した。本節では、4 つのシナリオ選好グループに見られる、7 種類の環境配慮行動（(1) 使い捨ての食器を使用しない、(2) 環境に配慮した調理をする、(3) 地産地消の食材を購入する、(4) 農薬・肥料に配慮した食材を購入する、(5) 環境ラベル表示製品を購入する、(6) 環境に配慮したレストランを利用する、(7) フェアトレードの食品・食材を購入する）の実施状況（5 段階評価）と、今後これらの環境保全活動の実施を希望しているかどうかについて、調査結果を報告することとしたい。

（3）各シナリオ選好グループの属性

　回答者が選択したシナリオは、多い順に［個人・受動：食品グリーン購入］40％、［個人・能動：家庭菜園］26％、［集団・受動：地産地消と定期購入］25％、［集団・能動：エコ料理パーティ］9％であった。本調査において新たに設定した［個人・受動：食品グリーン購入］を除き、シナリオの選好性は、GSSL 調査枠組において得られた結果と同様に、スロー該当シナリオ［個人・能動：家庭菜園］、クイック該当シナリオ［集団・受動：地産地消と定期購入］、共同該当シナリオ［集団・能動：エコ料理パーティ］の順に好まれる傾向が認められた。さらに、回答者属性（性別、年齢、職業）において、各シナリオ間で有意な差（χ^2 検定、有意水準 5 ％）を示したのは、［集団・受動：地産地消と定期購入］グループには女性、主婦が多く、［集団・能動：エコ料理パーティ］グループには 20～34 歳、学生が多いという傾向であった。

（4）環境配慮行動の実施状況（各シナリオ選好グループ別）

　7 種類の環境配慮行動（前述）の実施度合いについて、「1：実施していない～5：実施している」の 5 段階で質問した。全てのシナリオ選好グループにおいて実施傾向（平均値 3 以上）にある環境配慮行動は「使い捨ての食器を使用しない」であり、3 つのシナリオ選好グループ（［個人・受動：食品グリーン購入］、［集団・受動：地産地消と定期購入］、［個人・能動：家庭

第1部　大都市圏における環境教育・ESD のとらえ方

菜園］）では「環境に配慮した調理、地産地消の食材購入」、さらに２つのシ
ナリオ選好グループ（［集団・受動：地産地消と定期購入］、［個人・能動：
家庭菜園］）では「農薬・肥料に配慮した食材購入」も実施傾向にある環境
配慮行動であった。

　シナリオ選好グループ間を比較すると、実施傾向にある環境配慮行動の種
類が多い順に［集団・受動：地産地消と定期購入］、［個人・能動：家庭菜園］、
［個人・受動：食品グリーン購入］、［集団・能動：エコ料理パーティ］に該
当するシナリオ選好グループであった。「受動的行為（個人と集団）」グルー
プによる環境配慮行動の実施度合いは高く、「能動的行為（個人と集団）」グ
ループの方が多くの環境配慮行動を実施しているとはいえないことが考えら
れる。

　シナリオ選好グループ別に、７種類の環境配慮行動の実施率（５段階評価
のうち、「どちらかといえば実践している」と「実践している」の回答数の
合計が全回答数に占める割合）を算出した。各シナリオ間で有意な差（χ2
検定、有意水準５％）を示した環境配慮行動は「使い捨て食器を使用しない」、
「地産地消の食材購入」「環境ラベル表示製品購入」であった。「使い捨て食
器を使用しない」行動の実施率は［個人・能動：家庭菜園］グループの方が
［個人・受動：食品グリーン購入］グループよりも高く、「地産地消の食材購
入」の実施率は［集団・受動：地産地消と定期購入］グループの方が［集団・
能動：エコ料理パーティ］グループよりも高く、「環境ラベル表示製品購入」
の実施率は［集団・能動：エコ料理パーティ］グループの方が［個人・能動：
家庭菜園］グループよりも高い傾向が認められ、各シナリオ選好グループに
おいて実践されている環境配慮行動の種類に相違が認められた。これらの結
果とシナリオ選好グループ全体の実施率との比較をふまえた、各シナリオ選
好グループの環境配慮行動の傾向は以下のとおりであった。［個人・受動：
食品グリーン購入］グループでは、使い捨て食器の不使用と農薬・肥料に配
慮した食材購入の実施率が低く、その他の行動は全体と同様に実施されてい
た。［集団・受動：地産地消と定期購入］グループでは、地産地消の食材購

第2章　環境配慮行動としてのライフスタイルの選択

入や農薬・肥料に配慮した食材購入の実施率が高く、その他の行動は全体と同様に実施されていた。［個人・能動：家庭菜園］グループでは、使い捨て食器の不使用や環境に配慮した調理、地産地消の食材購入、農薬・肥料に配慮した食材購入の実施率が高い一方で、環境ラベル表示製品購入の実施率が低く、行動の種類による相違が認められた。［集団・能動：エコ料理パーティ］グループでは、環境ラベル表示製品購入や使い捨て食器の不使用、農薬・肥料に配慮した食材購入の実施率が高く、その他の行動は全体および他の3つのシナリオ選好グループの実施率よりも低い傾向が認められた。

（5）環境配慮行動の今後の実施希望について（各シナリオ選考グループ別）

　シナリオ選好グループ別に、7種類の環境配慮行動を今後実施したいと思うか（実施希望）を質問し、その回答率（5段階評価のうち、「どちらかといえば実践したい」と「実践したい」の回答数の合計が全回答数に占める割合）」を算出した。各シナリオ間で有意な差（χ2検定、有意水準5％）はなく、環境配慮行動に対する実施希望は、［個人・受動：食品グリーン購入］グループと［集団・能動：エコ料理パーティ］グループでは全体の回答率よりも低く、［集団・受動：地産地消と定期購入］グループと［個人・能動：家庭菜園］グループでは全体回答率と同程度以上である傾向が認められた。

（6）各シナリオ選好グループに見られる環境配慮行動の特徴

　上記を勘案すると、各シナリオ選好グループに見られる環境配慮行動の特徴は以下のようにまとめられる。(1)［個人・受動：食品グリーン購入］グループは、回答者属性および環境配慮行動に偏りが少なく、シナリオ選好グループの中で最も中間的なグループと言える。実施率が低い環境配慮行動は使い捨て食器の不使用と農薬・肥料に配慮した食材購入であった。(2)［集団・受動：地産地消と定期購入］グループは、女性、主婦が多く、特に地域や健康に配慮し無駄使いをしない生活密着型の環境配慮行動を実施するグループと言える。環境配慮行動全般を実施するが、実施率がやや低い環境配慮行動

39

第 1 部　大都市圏における環境教育・ESD のとらえ方

は環境に配慮した調理であった。（3）［個人・能動：家庭菜園］グループは、
回答者属性に偏りが少なく、食事の場面に直接関わる環境配慮行動を実施す
るグループと言える。実施率が低い環境配慮行動は環境ラベル表示製品購入
であった。（4）［集団・能動：エコ料理パーティ］グループは、20～34歳、
学生が多く、環境ラベルや廃棄物削減、化学物質配慮などの環境対策に直結
する環境配慮行動を実施するグループと言える。実施率が低い環境配慮行動
は地産地消の食材購入と環境に配慮した調理であった。

　本調査は、国内における都市圏消費者に対し、持続可能なライフスタイル
に関する「食」分野の４つのシナリオの選好性（**図2-1**で示す［個人‐集団］、
［受動‐能動］という二軸の分析枠組みに基づく）と各シナリオ選好グルー
プの有する、回答者属性、環境配慮行動の特徴を把握することを目的とする
ものであった。「受動的行為（個人と集団）」に該当する２つのシナリオは、
社会サービスを利用・共有する過程において「購入」という日常生活の一場
面に環境配慮を取り入れた選択行動である。一方、「能動的行為（個人と集団）」
に該当する２つのシナリオは、家庭菜園やエコ料理パーティの実施という質
の高い成果を目指して研鑽を積む行動を環境配慮型にした選択行動である。
また、「個人的行為（受動・能動）」に該当する２つのシナリオは日常生活で
社会サービスを利用したり、自身で質の高い成果を生み出すことを可能にす
る選択行動である。一方、「集団的行為（受動と能動）」に該当する２つのシ
ナリオは、社会サービスや質の高い成果を共有可能にする選択行動である。

　本調査で得た４つのシナリオの選好性から言えることは、（1）持続可能な
ライフスタイルのシナリオ自体に優劣があるわけではないこと（受動的・能
動的行為、個人的・集合的行為全てにおいて、持続可能なライフスタイルを
構築する可能性と潜在性を有していること）、（2）ライフスタイルの選択・
転換に関係するグループ分類は、「人」の特性に基づいて分類をするのでは
なく、日常生活や趣味に環境配慮行動を取り入れる場面や、環境配慮を目的
として行動する場面など「状況」に応じて分類することが必要であり、状況
（外部環境や年齢などに基づくシナリオの選好性）に応じて、自身のライフ

40

スタイルが変化しうるものであるという認識が必要であろう。

4　大都市圏における環境教育・ESDの充実に向けて

　本調査より明らかになったことは、持続可能な消費と生産に向けた「ライフスタイルの選択」は、決してあるべき姿があるのではなく、［個人］や［集団］、［能動］や［受動］など、多様な軸でおりなされる生活状況に基づいた選択行為であると言えよう。日本の大都市圏における「ライフスタイルの選択」は、経済のグローバル化が進み、経済的利益の過度の追求が、世界的に、そして環境的側面、社会的側面、文化的側面に負の影響をもたらしている今日において、とても大きな意義があると言える。GSSL調査報告書の序文では、「地球規模で、とくに、環境、社会、経済に多大な影響を及ぼす気候変動などの世界的に取り組むうえでは、私たちの日常生活など大海の一滴に思えます。しかし、きわめて小さな変化でも巨大なシステムに影響を与えうることは、科学者によって立証され、『バタフライ効果』と呼ばれている。」とし、私／私たちの選択行為が変化をもたらすことが科学的に立証されている点を強調していること（UNEP 2011a）からも、個人・集団の選択行動の重要性を読み取ることができる。

　一方、堀田（2017）は、持続可能な消費と生産（SCP）の重要な視点として、「製品とサービスのライフサイクル」、「ライフスタイルの選択」、「インフラ」が重要であるとしている。そして、製品の利用の上流（生産と使用）と下流（廃棄）という「ライフサイクル」に着目する観点に対して、「ライフスタイルの選択」は、消費者個人や消費行動に責任を押し付けるのではなく、小売業者による製品・サービスの提供、交通、オフィスといった消費と生産の関係性に着目することが重要であると指摘している。青柳（2016）は、これまでの、消費者の環境配慮行動の促進と企業の環境対策という狭い範囲の議論を超えて、社会全体としての仕組み・あり方、ものや資金の流れを合わせて検討していく重要性を指摘している。さらに、UNEP（2011b）は、

41

第1部　大都市圏における環境教育・ESDのとらえ方

持続可能な消費と生産（SCP）を「消費と生産システムが環境に及ぼすネガティブな影響を最小化しつつ、すべての人にとって生活の質の向上を目指す包括的なアプローチ」と述べている。このように、生活の質の向上を目指す包括的アプローチには、「個人」や「集団」という視点に基づく環境配慮行動のみならず、社会の仕組みの中での「受動」と「能動」という視点に基づく環境配慮行動もまた重要であることが読み取れよう。

　これらは、従来の個人の人格形成と個人能力の向上を目的とした「教育」だけではなく、連携・協働に基づく「組織能力」、ネットワークと集合的行動による「市民能力」、技術・経済・文化といった「社会的インフラ」、そして「影響力の行使」（政策オプション含む）を有機的に連関させ、おのおのの能力（ケイパビリティ）を結合させるアプローチ（結合的ケイパビリティ）が不可欠であるという筆者の見解に基づいている。Nussbaumは、能力（ケイパビリティ）を、(1) 基礎的ケイパビリティ（個人の生来の資質）、(2) 内的ケイパビリティ（個人が必要な機能を実践するための十分条件）、(3) 結合的ケイパビリティ（内的ケイパビリティが、その機能を発揮するための適切な外的条件が成熟している状態）と区分し、人間の中心的ケイパビリティが結合的ケイパビリティとして社会的に整備されることにより、機能実現の内的・外的条件が整うと指摘している（Nussbaum 2000）。Nussbaumの指摘は、人間開発（human development）の文脈で議論されているが、内的・外的条件にかかわる多様な能力（ケイパビリティ）を連関させることによる機能実現という意味では、類似した意味合いを有していると言えよう。

5　おわりに

　本稿では、「環境配慮行動としての「ライフスタイルの選択」─シナリオ分析の枠組構築と「食」に関するアンケート調査に基づいて」と題して、「行動に基づくアプローチ」の特徴を有する環境教育の取組の一つとして、「ライフスタイルの選択」に注目し、考察を深めている。多様な側面（経済的、

環境的、社会的、文化的側面）を関連づけ、上流（生産と使用）と下流（廃棄）をつなぎ、グローバルな文脈とローカルな文脈を関連づけ、多様な能力を有機的に連関（結合的ケイパビリティ）させる「ライフスタイルの選択」は、大都市圏における環境教育・ESDを捉えなおす上でも、SDGs全体を達成する上でも、大きな意義を有していると言えよう。

注および謝辞

なお、「食」に関するアンケート調査は、平成25-27年度地球環境基金助成事業「市民の気候変動を意識した行動変容を促すための効果的な対象の選定とエンパワーメント・プログラムの開発事業」（事務局：一般社団法人地球温暖化防止全国ネット、事業委員長：佐藤真久）の一環で実施された。事業報告書については、一般社団法人地球温暖化防止全国ネット（2016）を参照されたい。事務局および事業委員として関わられた関係者に謝辞を表す。

引用文献

Leppänen, J., *et al*. *Scenarios for Sustainable Lifestyles 2050: From Global Champions to Local Loops*. 70. Wuppertal: SPREAD. 2012

Nussbaum, Matha. C. *Women and Human Development, the Capability Approach*, Cambridge University Press, 2000. マーサ・C・ヌスバウム（池本幸生・田口さつき・坪井ひろみ訳）『女性と人間開発』（岩波書店、2005年）

Sato, M. and Nakahara, H. "Chapter 3: Education for Sustainable Consumption in Japan, Current Policy Frameworks, Implementation and Governmental Capacity", *The Role of Governments in Education for Sustainable Consumption, Strengthening Capacity for Effective Implementation in China, Japan and Republic of Korea*, Institute of Global Environmental Strategies, 2011, pp.45-63

Tilbury, D., Coleman, V. and Garlick, D. A *National Review of Environmental Education and its Contribution to Sustainability in Australia: School Education*, 2005

UNEP. *Visions for Change*, 翻訳・監修：（独）国立環境研究所、株式会社電通『変化へのビジョン、サステイナブル・ライフスタイルに関する有効な政策の提言』（2011年a）

UNEP. *Global Outlook on SCP Policies, Nairobi: United Nations Environment*

第 1 部　大都市圏における環境教育・ESD のとらえ方

Programme, 2011b

佐藤真久・高岡由紀子「ライフスタイルの選択・転換に関する理論的考察」(『日本環境教育学会関東支部年報』8 号、2014年) 47〜54ページ

三浦展『第四の消費－つながりを生み出す社会へ』(朝日新書、2012年)

雀美英・ロバート　J. ディドハム「第三章持続可能な消費を促すための道」(『IGES白書Ⅲ』地球環境戦略研究機関、2010年) 44〜64ページ

青柳みどり「持続可能な生産と消費に関する議論の動向と今後の展開方向」(『環境経済・政策研究』9 巻 2 号、2016年) 29〜39ページ

内閣府『環境問題に関する世論調査』(2012年)

堀田康彦「持続可能な生産と消費、ライフスタイルの選択」(『SDGsと環境教育』学文社、2017年) 187〜205ページ

一般社団法人地球温暖化防止全国ネット『市民の気候変動を意識した行動変容を促すための効果的な対象の選定とエンパワーメント・プログラムの開発』事業報告書 (2016年)

第3章　子どもの成育環境からみた
大都市圏における持続可能性
―大都市圏に育つ子どもたちのために―

木村　学

1　はじめに

　子どもの成育環境を焦点に、大都市圏の持続可能性について考えることが
本章の目的である。「子どもの成育環境」という言葉を、「子育ての場」と言
い換えて検討しても良いかもしれない。そこで本章では、子どもの目線にな
って、あるいは子どもを育てる側の目線になって、「子育ての場」について
考えてみることにしよう。

　まず大都市の一つである東京都の暮らしについて考えてみると、大都市の
中にも豊かな自然環境の暮らしを求めている人々は多いのではないだろうか。
例えば、都心のマンション広告を見てみよう。「都心にありながら水と緑に
囲まれた別天地」、「子育てファミリーが暮らしやすい豊かさと温もりあふれ
る環境」というような設計コンセプト等が紹介されたりしている。このよう
に私たちの多くは、利便性の良い大都市に暮らしながらも、同時に豊かな自
然の中で子育てをしたいという感情を多かれ少なかれ潜在的に抱いているの
かもしれない。一方で、都会を離れ実際に自然環境の豊かな田舎に引っ越し、
子育てをする家族も少なくないだろう。地方の自治体によっては、過疎化の
抑制のために子育て世帯に様々な助成制度を設けている地域もある。しかし
ながら自然環境がたとえ豊かであっても、むしろ現代の生活スタイルにおい
ては、スローライフと呼ばれるような自然に向き合って暮らすスタイルは衰
退しつつあるとも考えられる。その理由として、車社会の拡大による歩行の
減少や、電子家電などの道具使用の増大に伴う生産過程の簡略化等が挙げら

45

第1部 大都市圏における環境教育・ESD のとらえ方

れる。このような生活スタイルの変化の結果、子どもたちの行動範囲や遊び範囲も時代と共に変化してきたと考えられ、自然の中で遊ぶ機会や、異年齢集団で遊ぶ機会も減少していると考えられる。そうした背景を踏まえ、児童期のみならず幼児期における環境教育もますます重要視されてきている。例えばこれまで我が国で発行されてきた「環境教育指導資料」が2014年に改訂され、はじめて幼児教育の内容が盛り込まれることとなった。そこでは幼児期の環境教育の重要性として、「自然の不思議さや美しさ、環境の面白さ等について体を通して感じたり体験したりすることが重要であり、こうした自然を含めた環境についての体を通しての理解が、将来の人間の生活における自然のもつ意味や、持続可能な環境の保全について学ぶ環境教育の基盤となっていく」と述べられている（国立教育政策研究所編 2014：17-32）。このように子どもたち一人ひとりの人間形成のうえに、社会全体の持続可能な発展が期待されているわけであるが、これまでの幼児教育に蓄積された様々な実践がその基盤になると考えられる。さらに幼児期特有の学びとしては生活を通しての学びがあり、幼児の生活の多くを遊びが占めることから、地域の遊び環境を整えることも必要となるだろう。

　そこで本章では、まず子どもの発達において、環境がいかに重要となるのかを確認する。そして、大都市圏における都市郊外と過疎地域の二つの地域を対象に、子どもの成育環境について比較検討を行うことにする。調査対象の一つは東京都心から電車で30分ほどの都市郊外にあるA市である。もう一つの調査対象は、東京都心から電車とバスを乗り継いで2時間ほどの距離にあるB村である。子どもの成育環境にどのような違いがあるのか、フィールド調査やアンケート調査を基に考察を行う。最後に調査結果を踏まえ、物理的な環境の違いよりもむしろ地域における子どもと大人の関係性が重要であることをとりあげ、今後の子どもの成育環境についての展望を見出したい。

46

2　子どもの発達と環境とのかかわり

　はじめに、発達段階的に私たち人間の行動パターンと空間認識について考えてみよう。まず乳幼児の探索行動は母親の視野から外れない程度の範囲をテリトリーとし、そこから母親から離れて興味ある物体に近づいていき、そしてまた戻ってくるという行動パターンをとるといわれる。その探索行動の一つがまずは地面の探索である。例えば木の葉、草、石、ごみくずを手でいじりまわすのは、子どもたちの共通の仕草なのだという。やがて5歳、6歳の子どもたちは、自分たちの住んでいる地域について上空から俯瞰した風景を想定できるようになるという。このような想定ができる理由の一つとして、幼い時の玩具遊びを挙げることができ、幼い子どもは玩具の世界では巨人なのであり、玩具の家や汽車を上から眺めることでそれらを操作できるからだという（トゥアン 1993）。このように私たちの空間認識は、足元から周辺の環境へと広がり、さらには地域の人々とかかわるようになっていくのである。こうして環境への認識を深めていく私たちの身体は、一方の自然から多くの影響を受けているともいえる。一つの事例を見てみよう。例えば、土器づくりの例として、粘土という素材に注目して考えてみると、地域の生態環境によって素材は多様であり、それに伴う身体技法もまた多様なものとなる。ミクロネシアのヤップ島の土器づくりでは、粘土が貧弱であることによって様々な試行錯誤が行われ知恵や技が身体化されているという（印東 2011）。このことはアフォーダンス（環境が動物の行為を引き出そうとする機能）の概念で言えば、ヤップ島の粘土の貧弱さこそが作り手の身体技法を規制し、他の地域にない独特な土器を形成してきたということである。現在、子どもたちの遊びを見ても、同じ粘土を素材とする「泥だんご」づくりの遊びは、それぞれの幼稚園・保育所等によって、園庭環境と共にその遊び文化が規定され伝承されていると考えられる。例えば、筆者が観察した幼稚園では、泥だんごづくりを終えた後、流し場で手を洗うと詰まってしまう為に、園児た

第1部　大都市圏における環境教育・ESD のとらえ方

ちは泥だらけの湿った自分の手にわざと砂をこすり付け、泥を乾燥させてこ
すり落とすのである。このように身近な自然環境とのかかわりを通して、私
たちは独自の身体技法を身に付けていくのである。つまり、私たちの身体と
環境は、連続的に繋がっているのであり、環境から受ける影響も大きいと考
えられる。

　それでは次に、特定地域の環境内における人的環境として、子どもと大人
の関係性について考えてみよう。まず地域の人々の活力とは、特定の空間に
住む人々が、そこに集う人々の共同の意志として、特定空間に生活を共有し
あうことを求め、そこに自らのアイデンティティを感じて、そうした共同意
志を維持しようと考えることだという（小川 2005）。そこで例えば、「地域
の子どもを地域で育てる」ためには、地域や学校を活動場所という空間とし
て利用するだけでなく、地域の大人や学校職員が子どもたちとの活動を日常
的な生活の一部として共有することである。例えば筆者も児童期に祖父母を
中心とした親族総出の田植え作業を毎年経験したが、その作業はいつも3日
間ほどかけてお弁当を持参して行われるものであった。その作業の間、子ど
もたちは大人たちの作業する棚田の周りを走り回ったり虫捕りをして遊んで
いたが、このときの大人たちの作業のリズムと子どもたちの遊びのリズムは
同調したものであった。例えば、田植えや黒塗り作業で出てきたタニシやカ
エルを大人たちは子どもたちの前に投げつけ、筆者はそれら生き物を捕まえ
て遊んだのである。そして、作業の合間のお茶の時間やお弁当の時間を田ん
ぼの畦で一緒に過ごし一日の時間が流れるのであった。このように子どもの
放課後の遊びや生活を保障するためには、地域の大人と子どもの生活がいか
にして再構成されるのかが問われることになるだろう。

3　子育て支援の現状と課題

　ここまで子どもの発達において、環境とのかかわりがいかに重要であるか
を確認してきた。しかしながら、現在の子育て環境は様々な問題を孕んでい

第3章　子どもの成育環境からみた大都市圏における持続可能性

るのも事実である。かつて前近代的な地域社会においては、地縁血縁の繋がりも含めて、タテ、ヨコ、ナナメの多様な人間関係が形成されていたのである。そしてそうした関係性の中で子育ての場が形成され、相互に支え合いながら子育ての知恵も伝承されてきたのである。その後、地域共同体の繋がりが希薄化していく中で、子育ても個別化していき母子関係に問題を抱えるケースも増加してきたのである。母子関係が悪化すれば育児不安や児童虐待へと至るケースも危惧されるのである。そこで、1993年から全国の市町村に、「子育て支援センター」が設置されるようになっていった。具体的な子育て支援センターの事業内容としては、育児相談、サークルの育成、情報提供、地域連携などが求められている。2015年には、「子ども・子育て支援新制度」がスタートし、国や各市町村が地域の子育て支援に全面的に取り組み始めている。この新制度は、特に都市部における「待機児童」の解消や少子化に伴う過疎地域の保育保障や、共働き家庭を支援する取り組みである。特に近年では、幼児のみならず児童の放課後の居場所を確保することも課題となっている。いわゆる「小1の壁」といわれるように、親の勤務時間に子どもを預ける場所が確保できないという問題が顕在化してきたのである。そこで、厚生労働省及び文部科学省の連携によって、2014年より「放課後子ども総合プラン」が実施されており、子育ての場を保障しようとする努力が続けられている。このように、現在の子育て支援の問題に限らず高齢者福祉政策、障害者福祉政策など福祉政策全般において、我が国は多様な問題を抱えている。まず子育てについて考えてみると、現代社会においては育児に要求される期待水準が上がったために育児コストは高くなったという。その結果として、少ない子どもにコストをかけられるように、出生児数も減少したと考えられる。また、この育児という労働は、「他者への移転」が可能であり、現在では受胎、妊娠、出産まで「外注」が可能なのだといわれる。したがって、かつてのように地域の大人がみんなで子育てを助け合うという関係は喪失したといえよう。つまり現在の人々は、近隣空間の地縁血縁を超えた選択制の高い新たな共同性を望んでいると考えられるという（上野 2011）。

49

第1部　大都市圏における環境教育・ESD のとらえ方

　それでは、子育てや介護など福祉政策にはどのような実践の場が必要なのであろうか。あるエピソードを見てみよう。「(父は) 毎日電動スクーターに乗って町に出かけていきました。父の日課はこんな具合でした。九時頃には起きて身の回りのことを済ます。研究所 (無料で生活相談を行う場所) は十時にはじまるので、私たちが立ち働いている横で、午前中いっぱいかかって、大きなルーペを使って新聞をゆっくり読む。昼御飯は自分でつくって食べ、町へ出かけていく。恒例の散歩コースを通っていつも父を待っている犬にエサをやる。近所の市場で顔見知りの魚屋さんや果物屋さんや八百屋さんに今日のお買い得品や料理法を聞きながら買い物をする。そして行きつけの喫茶店にいってスポーツ新聞を読むのである。その店には自分専用の老眼鏡が置いてありました」。この高齢の男性は、まだ介護支援を必要としているわけではないが、地域の様々な人々に支えられていると考えられる。このエピソードを語った娘である女性は、高齢者には自然や地域を背景とする物語が必要なのだと述べている (内山 1999：149)。高齢者にとって、生活の拠点であり物語を紡いできた地域と、そこで関わる固有の人々との関係がいかに大切なのかを考えさせられるエピソードである。

　このことは同様に、いかにして子どもたちに幼少期の物語を構築していくかという問題につながるのである。言い換えれば、それは子どもたちの故郷をつくることである。やがて故郷を離れ違う場所で生活するとしても、幼少期に育った場所や特にそこでの人々との交流は、その人のアイデンティティに大きく影響を及ぼすものであろう。例えば、近年の自然災害等で故郷を失った人々の多くが、郷里のことを語るのもその一つの証であろう。

4　過疎地域の子どもの遊び

　ここでは過疎地域の子どもの遊びについて検討を行うことにする。その前にまず子どもの遊びを対象とする調査方法について検討しておきたい。調査方法としては、参与観察法やインタビュー法、アンケート法などをあげるこ

第3章　子どもの成育環境からみた大都市圏における持続可能性

とができる。例えば、著名人などの伝記の分析や、原体験を回想してもらう調査などにおいては、子ども時代の遊びを回想した記憶に基づいたデータを収集し分析することによって、人間形成としての遊びの重要性や環境行動に繋がる原体験の重要性を指摘することができる。このような個々人への通時的な視点からの調査・分析は、自然体験という子どもの活動と人間形成の因果関係等を説明する際には有効である。一方で、個々人の現在の生活世界を捉える共時的な視点としては、参与観察法が有効である。しかし複数の子どもたちの遊びの全体像を捉えることは難しいであろう。

　そこで、ここではフィールド調査とアンケート調査を行うことにする。アンケート調査では、小学校一年生でも回答できるように文章で答えるだけでなく、地域のマップを作成し、地域のシンボルとなる場所や建物をイラストで示した（B村出身の梅澤しおり氏に協力を得た）。さらに回答する際には、学校の先生や保護者などが回答のサポートを行った。そして子どもたちには、よく遊んでいる場所に○を付けてもらい、子どもたちの回答を基に○を重ね合わせ一枚のマップに整理した。調査対象のB村は、面積約37km^2、人口約3,000人の山間地域にある。回答数は、小学校の子ども108名（低学年32名、中学年39名、高学年37名）から回答を得ることができた。例えば図3-1は、高学年の平日の放課後遊びの場所をまとめたマップである。

　よく遊ぶ場所として○が重なっているのは、小学校を示している。これら調査の結果、放課後の遊びの特徴として以下のような傾向が見られた。

①平日の放課後は、低学年、中学

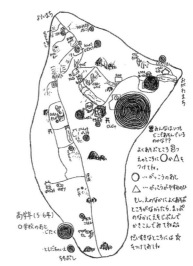

図3-1　B村における放課後の遊び調査

51

第 1 部　大都市圏における環境教育・ESD のとらえ方

年ともに学校と自宅で遊ぶと回答した子どもがほとんどであった。高学年
は、学校と児童館と回答した子どもが多い。

②休日の遊び場としても、学校と回答する子どもが多い。

③フィールド調査からは、周囲の大人たちが子どもたち一人ひとりを把握し
見守っているという傾向が見られた。

　B村と同様の山間地域の事例をもう一つ見てみよう。山形県金山町の子育
ての実践は、将来を見据えた先進的な取り組みであり、環境教育の実践とし
ても注目されている。2012年に町立の保育園と私立の幼稚園を統合し、認定
こども園が誕生した。保育理念として幼児教育、食農教育、環境教育の３本
柱として、金山町の伝統文化や自然環境を活かした保育活動を行っており、
畑の土づくり、羊や馬の世話、田んぼづくりなどが行われている。地域の人々
との関わりも多く、子どもたちの未来のために環境と経済を融合させた地域
循環型社会を実現させるための組織「かねやま新エネルギー実践研究会」を
立ち上げた。菜の花を栽培し、なたね油を抽出し使い終えた廃食油を園バス
の燃料（バイオ・ディーゼル・フューエル）として活用している。子どもた
ちの命を預かる幼児教育施設として、「みんなが関わり、みんなで作り続け
るこども園」を目指しているという（井上 2014）。筆者は何度かこの町へフ
ィールド調査に出かけインタビューを行っているが、町の子どもたち全員の
健全で安全な暮らしを保障することを目指しているという。いわば子育ての
セーフティーネット構築の取り組みである。

5　都市郊外の子どもの遊び

　つぎに都市郊外の子どもの遊びについて事例を基に検討してみよう。調査
対象のA市は、面積約15km^2、人口約48,000人の武蔵野から荒川流域に渡り
自然豊かな田園風景が広がる、歴史文化も豊かなまちである。さらに都心の
ベッドタウンとして計画的に開発が行われた近代都市のモデルとして注目を
浴びているまちである。市内の小学校の子どもたち71名（低学年18名、中学

年16名、高学年37名）にB村と同様のアンケート調査を行った。例えば**図3-2**は、A市の高学年の平日の放課後によく遊ぶ場所を示したマップである。○が最も重なっている場所は、児童館である。これら調査の結果、放課後の遊びの特徴として以下のような傾向が見られた。

①高学年を中心に児童館や公園で遊ぶ子どもが多い。

②休日はあまり外で遊ばない傾向が見られた。

③フィールド調査からは、児童館や

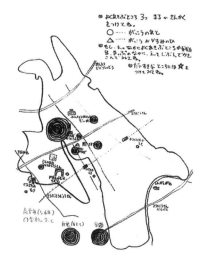

図3-2　A市における放課後の遊び調査

大学などの主催するイベントへ遊びに行く傾向が見られた。

つぎに具体的な遊びの事例として、A市にキャンパスを持つ大学生と地域の小学生の交流を紹介したい。筆者は、子どもの遊び場を運営する取り組みをこれまで大学生と一緒に行ってきた。この活動では地元の小学生80名ほどを募集し、年間を通して月に一回の活動を継続している。ここではお祭りを企画したり、運動遊びを行ったり、常時50名ほどの学生が企画・運営に携わっている。普段あまり話すことのない若者世代との出会いは、子どもたちにとって非常に貴重な機会であると保護者から評価を得ている。

6　大都市圏における環境教育・ESDの充実に向けて

これまで二つの地域を対象に子どもの遊びの特徴を検討した。改めて環境の違いによる子育ての場の特徴について整理をしておきたい。**表3-1**は、都市郊外と過疎地域の遊びの特徴を整理したものである。

まず両方ともに、放課後の塾通いや習い事のために遊ぶ時間はあまりない

第 1 部　大都市圏における環境教育・ESD のとらえ方

表 3-1　都市郊外と過疎地域の遊びの特徴

A 市（都市郊外）	B 村（過疎地域）
遊び時間の少なさ	遊び時間の少なさ
遊び環境の多様さ	学校を中心とした遊び環境
多様な大人と交流する機会	顔の見える大人との親密な関係

と回答した子どもが目立った。このことは地域環境の問題よりもむしろ現代
的な子どもの遊び環境の問題である。つぎにA市では、公的施設や大学等の
団体主催のイベントなど多様な遊びの機会が保障されているといえる。一方、
B村では、平日や休日に関わりなく、仲間が集まりやすい小学校が、子ども
たちの遊びの拠点になっており、周囲の大人たちとも顔の見える親密な関係
があるといえる。このようにやはり、いずれの地域においても物理的環境に
よる違いはあるものの、重要な要因は人的環境としての地域の大人の存在と
いえよう。それでは今後、どのような子どもと大人の交流の場を創出するこ
とができるだろうか。一つの例として農的活動について考えてみよう。現在、
環境問題の拡大が広く市民にも認識されるようになり、ライフスタイルの変
革や農への関心が高まってきている。例えば、市民農園やクラインガルテン
等と呼ばれる農地を借り受け農作業に従事する人々が増加している。こられ
の農作業を伴う活動形態は、レクリエーション等を目的として農作業を楽し
むものであり、このような大人の作業と子どもの遊びが隣接した場を構築す
ることで、活動を通じた新たなコミュニティー形成の可能性も期待できるの
ではないだろうか。**図3-3**は、「子どもの活動」、「大人の活動」、「地域環境」、「学
校教育」の観点から子育ての場について、将来的展望を示したものである。
このように、地域環境や学校教育の場を拠点としながら、大人と子どもの活
動を隣接させることで、大人から一方向的にお世話をするという関係ではな
く、互いに「見る－見られる」対等の関係を保つことによって、子どもは見
守られる安心感の中で遊ぶこともでき、さらに大人の活動を観察学習する機
会を得ることもできるだろう。大都市圏においては、多様な人材に出会うチ
ャンスが保障されているという点では、このような交流の場を創出しやすい

第3章　子どもの成育環境からみた大都市圏における持続可能性

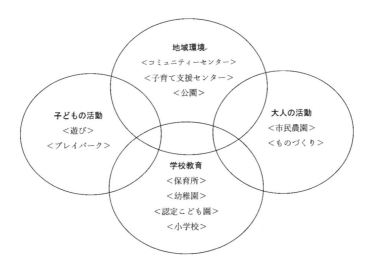

図3-3　大人と子どもの交流の機会

かもしれない。このような関係性の中でこそ、より良い子どもの成育環境の場を再構築できるであろう。

7　おわりに

　子育て環境に求められる条件とは、これまで検討してきたように地域環境の違いはあれども、やはり人的環境の影響が多いと考えられ、そうした視点で展望を示してきた。しかし、子育てを取り巻く環境には他にも様々な問題が存在することにも目を向けなければならないだろう。例えば、結婚前に妊娠して子どもを育てるという夫婦の割合は、地域別にみると九州・沖縄や東北各県に多いことが分かる。経済的に不安定で、年齢的に未熟な親の元は、児童虐待の温床になりかねないという（山田 2007）。こうした経済的格差も是正しなければならないだろう。あるいは、階層の違いによる成育環境への影響もあるだろう。例えば、家庭環境についてみてみると一般的には上流階層の子どもほど、文化的な家庭環境が整っている傾向があり、学校でも高い

第1部　大都市圏における環境教育・ESD のとらえ方

成績を修め、親と同様に高い社会的地位を手に入れると言われている。ここには文化資本という見えざる資本によって、親から子へと高い社会的地位が再生産されているのである。また同様に、自然体験活動の子どもたちの経験等においても、経済格差が指摘されたりもしているが、子どもの遊びや体験活動にこのような不平等があってはならないだろう。東京の都心である新宿のプレイパークで、筆者が遊びの調査を行った際には、外国人労働者の多い地域であり、多くの外国籍の子どもたちがボランティアの大人や若者たちと遊んでいた。様々な障壁等があるかもしれないが、目の前の子どもたちや生まれくる次世代の子どもたちのためにも、持続可能な地域社会をつくり続けなければならないのである。

引用文献

印東道子「土器文化の「生態」分析」（床呂郁哉・河合香史編『ものの人類学』京都大学学術出版会、2011年）91〜110ページ

国立教育政策研究所編『環境教育指導資料』（東洋館出版社、2014年）17〜32ページ

井上亘「みんなでつくるこども園」（日本環境教育学会編『環境教育とESD』東洋館出版社、2014年）48〜53ページ

小川博久「児童学の立場から〈地域力〉について考える」（『日本女子大学大学院紀要』11号、2005年）205〜214ページ

上野千鶴子『ケアの社会学』（太田出版、2011年）286〜318ページ

内山節ら『市場経済を組み替える』（農村漁村文化協会、1999年）149ページ

イーフー・トゥアン『空間の経験』（ちくま学芸文庫、1993年）48〜54ページ

山田昌弘『少子社会日本』（岩波新書、2007年）189〜192ページ

第2部

学校教育　大都市圏の学校はどう取り組むのか

第 4 章　大都市圏のエコスクールが進める環境教育・ESD
―杉並区エコスクール化推進事業を事例として―

秦　範子

1　はじめに

　本章では杉並区エコスクール化事業を事例として大都市圏のエコスクールが進める環境教育・持続可能な開発のための教育（ESD）について考察を行う。エコスクールとは環境配慮型に整備転換した学校施設である（**図4-1**）。1997年にスタートした文部省・通産省の「環境を考慮した学校施設（エコスクール）の整備推進に関するパイロットモデル事業」[1]とその連携事業である環境省の「学校エコ改修と環境教育事業」[2]によって進展してきた。2011年に改正された「環境教育等による環境保全の取組の促進に関する法律（環境教育等促進法）」にはエコスクールに関する規定が明記され[3]、これによりエコスクールの事業展開を推進するための法制度が整ったといえる。文部科学省の「エコスクールパイロット・モデル事業」はこれまでに1,663校（2017年2月現在）[4]が認定されている。

　杉並区の公立学校におけるエコスクール化推進事業は、都市部のヒートアイランド対策として打ち出された施策である。杉並区は東京都の中央部、武蔵野台地の東部に位置し、緑被率22.2%[5]と23区内でも3番目に緑が多い地域であるが、近年ヒートアイランド現象の影響による夏季の気温上昇に対し、区民からは「小中学校の普通教室にクーラーがほしい」という要望が強

図4-1　都市部〈市街地〉のエコスクールのイメージ[6]

まりつつあった。このような声に対し、杉並区は2006年1月に『風とみどりの施設づくり報告書：夏季をすごしやすくする環境に配慮した施設づくりをめざして』[7]を作成し、校庭、屋上、壁面などの緑化やビオトープの設置による「みどり」の創出とパッシブデザイン[8]を基本とするなど環境建築の手法による組み合わせによって対応することを決めた。同時にエコスクールの指針を示し、ハード面では①日射を遮断する②日が当たる部分を断熱する③風通しを良くする④気化熱により気温を低下する⑤雨水流出を抑制する⑥自然エネルギーを活用する、ソフト面では①衣服を調節する②風道を確保する③機器装置の効率的運転を行う④環境教育・環境啓発を行う、とした。さらに、学識経験者、環境建築の専門家らによる「エコスクール化検討懇談会」（座長：梅干野晃東京工業大学教授）が教育委員会に設置され、自然エネルギーの活用や環境建築の手法を中心に検討を行い、2007年3月に『杉並区版「環境共生型学校施設」[9]整備に向けて：エコスクール化検討懇談会検討報告書』をまとめた。続く「第二次エコスクール化検討懇談会」（座長：須永修通首都大学東京教授）には小中学校の校長や環境団体代表（筆者）が加わり、改修校におけるエコスクール化のあり方や環境教育との関連づけについて検討を行い、①環境に配慮した学校施設、②環境負荷の低減につながる学校運営、③環境教育の地域の拠点を3本の柱とする基本方針に基づき、2008年3月に『杉並区版エコスクールの推進〈既存校におけるエコスクール化の推進〉：第二次エコスクール化検討懇談会検討報告書』[10]をまとめた。杉並区のエコスクール化推進事業の現況は**表4-1**に示す。

既に完成している改築校では、建物の壁面や屋上の緑化、校庭の芝生化、

表4-1 杉並区のエコスクール化推進事業（2017年2月現在）

	校庭緑化	屋上緑化	壁面緑化	ビオトープ	庇・バルコニー	ナイトパージ	太陽光発電	内装木質化	地中熱利用
小学校（40）	21	24	21	24	10	24	14	4	2
中学校（22）	3	9	2	0	6	5	5	2	2
小中一環教育校（1）	1	1	0	1	1	0	1	0	0
特別支援学校（1）	1	0	0	0	0	0	0	0	0
合　計（64）	26	34	23	25	17	29	20	6	4

杉並区教育委員会事務局資料に基づき筆者作成

第2部　学校教育　大都市圏の学校はどう取り組むのか

ビオトープの設置に加え、外断熱、複層ガラス、太陽光発電、地中熱利用（クールヒートトレンチ）(11)、ナイトパージ(12)、日射遮蔽のためのバルコニー、水平庇の設置、地域の木材を利用した内装の木質化、雨水利用などが行われている。また、改修校では、耐震化、老朽化対策と共に建物の外断熱、ナイトパージ、水平庇の設置、校庭の芝生化、建物緑化を組み合わせて教室内の温熱環境改善や省エネルギー化を図り、改築校と共に「環境共生型学校」を目指している。では、エコスクール化によって子どもの学びや教師自身の生活にどのような影響があったのだろうか。次節ではA小の事例を取り上げる。

2　エコスクールにおける教師と子どもの学び合い

A小は2015年に創立140年を迎えた。1995年に杉並区教育委員会から環境教育実践の模範校として表彰を受けるなど長年にわたって環境教育に取り組んできた学校である。2008年3月にエコスクールの改築校として新校舎が完成し、屋上緑化、壁面緑化、太陽光発電の設置、バルコニーによる日射遮蔽、建物の中間部分に設けた吹き抜け及びナイトパージによる通風・換気、東京都檜原村の杉材を使用した内装の木質

写真左上：3教室がオープンスペースに隣接する。左下：屋上の芝生の上で遊ぶ子どもたち。
右：校舎2階中央に図書室、コンピュータ室、視聴覚室を統合したラーニングセンターがある。いずれも筆者撮影。

化を行っている。2009、2010年度に杉並区教育委員会から「環境教育・エコスクール」の研究指定を受け、社会科・生活科における環境教育の研究実践に取り組み、「環境を見つめる視点」を取り入れた授業づくりを行った。

新校舎に入った子どもたちは嬉しい気持ちや大切にしていこうという気持ちに満ちていた。子どもたちの言葉にはエコスクールをつくってもらった大人たちへの感謝の気持ちが表われていたという。

第4章　大都市圏のエコスクールが進める環境教育・ESD

快適に学習できる環境をもらったっていうことが分かる子どもたちだったんですね。それで「すごく一生懸命勉強することがこれをつくってもらった大人たちへの恩返し」みたいなことをいってました。(A教諭⁽¹³⁾)

　A小では従来から子どもの自主性を促すことに主眼を置き、例えば授業の始まりや終わりを告げるチャイムをあえて鳴らさないといった生活指導が行われていた。新校舎の完成後は登校時間が15分程度早くなり、8時頃の登校がピークになった。登校を早める指導を行ったわけではなく、子どもたちの自主的な行動の結果のようだ。生活環境が改善されたことで子どもたちも自主的にまた意欲的に学習に向き合う傾向が認めれたという。

保護者の方が「学校が新しくなって子どもたちが学校へ早く行きたいっていうようになった」といってましたね。普通は開門が8時とかじゃないですか。うちは校長先生が7時45分から正門に立って毎朝子どもたち一人一人を出迎えていらっしゃるので他の学校よりはずっと登校が早いし、子どもにとって心地よい学校っていうのがあるかな。(B教諭⁽¹⁴⁾)

それはこの良い環境に移った中で子どもたちが自然に勉強に向かう態勢が、意識付けが出来たんだなあと捉えてるんですね。別に担任が指導してやってるわけではないし、〔変わったのは〕環境だけ。子どもたちが朝から意欲を持って登校してるし、当然その意欲を持って登校出来るってことは授業に向かう姿勢にも間違いなくつながってますよね。(校長⁽¹⁵⁾)

　そして、学習に対する姿勢が前向きになったことだけでなく、環境配慮行動についても自主性が見られるという。曇りや雨の日は南向きの教室であっても室内は薄暗い。ある日の朝、教室の照明がついてないので教師が子どもたちに訊いたところ「まだ少ないからこれでいいんだ」「人数が増えてきたら電気をつければいい」と答えたという。

朝自習とか朝のちょっとした休憩時間でも電気をつけないで一部だけつけて「何で暗い中でやってるの?」って訊いたら、「まだ少ないからこれでいいんだ」って。「人数が増えてきたらそれに合わせて電気をつければいい」って。(B教諭⁽¹⁶⁾)

第2部　学校教育　大都市圏の学校はどう取り組むのか

　大都市圏では30度を超す真夏日が連日続くこともあり、近年は35度を超す猛暑日もある。杉並区は環境負荷低減を目的として学校の普通教室にエアコンを設置しない方針であったが、その後2010年にすべての小中学校の普通教室に設置するという方向転換を行い、現在は元々取り付けられていた扇風機とエアコンの両方が設置されている。しかし、教師が話すように子どもたちは適正な温度設定を心がけていた。教室の中が暑いと熱中症になるのではないかと教師が健康面の心配をするほどであったという。

　　　私は子どもの目が悪くならないとか考えてしまうんですけれど。子どもたちは「こんなに明るいんだから電気は要らない」とかね。でも「視力のためには電気つけなきゃいけないよ」とかいう。それから夏になって相当暑いから熱中症になったりとかとんでもないと思って、健康面とかを私は先に考えると子どもたちは気温計を見て「絶対28度以上でないとだめだよ」。うるさくて〔笑いながら〕。(A教諭 (17))

　小学校では第4学年の社会科でごみ問題について学び、地域の清掃工場や最終処分場の見学を行う。学区内に可燃ごみの清掃工場があるため、A小の子どもたちは清掃工場から出る煤煙やごみ清掃車が頻繁に行き交う様子を普段から目にしている。教師は子どもたちが清掃工場や最終処分場の見学をきっかけに環境問題に関心を持ち、知識を日常の生活に生かして実践しようとする態度が見られると話している。学級には意識の高い子どもたちがまわりのそうでない子どもを率先して巻き込み達成しようとする雰囲気があり、そうした意識の高い子どもたちの行動に対して誰も文句をいわず、当たり前という感じだったという。

　　　ものすごく意識が高い子たちがいて、清掃工場や最終処分場に行って学習したので、そういうものを日常に生かして実践していこうという子どもたちが何人もいたものですから、そういう子たちがみんなに啓蒙してくれるのかな。10人ぐらいいましたね。(A教諭 (18))

　一方、低学年の子どもの様子は対照的である。校舎が完成して3年が経過

第4章　大都市圏のエコスクールが進める環境教育・ESD

し、古い校舎を知らない子どもが全体の半数近くになった。ごみが落ちていても全く平気な様子の子どもたちに対して、教師はごみの分別の目的やものを大切に使うことを話し、また、前年度受け持った学級の子どもたちが率先して行動していたことを話して子どもの意識啓発を行っているが、定着の段階はまだこれからというのが子どもの実態である。

> かなり意識するのは4年かもしれません。ごみとか水とかね。（中略）3Rについて具体的なことを考えるというのを授業でやりました。教室で出すごみを減らす、電気をまめに消しましょうという話はしますが、定着にいくまでにはまだまだ。そういう目を育ててだんだんと出来る子が一人、二人と増えてといく感じだと思います。（C教諭 (19)）

エコスクールを活用した授業を行った経験のある教師は、子どもたちにとって身近な環境を題材にできるとしてエコスクールを評価している。

> 環境というところを意識するにはいいのかな。（中略）地球温暖化も知ってるし、そんな大きなこともあるけど、じゃあ自分のまわりではどうなのって考えるきっかけをくれるかなっていう感じですかね。すごくスモールステップだとは思うんですけど。でも結構それが大事だったりもする。それを気付かせてくれる校舎なのかなとは思いますけどね。（D教諭 (20)）

一方で、子どもの意識はエコスクールだけで変わるものではなく、継続的な教師の指導と学習の機会が必要であるとも語っている。

> その辺はやっぱり指導しないと。こういう学習の機会とかがないとエコスクールに入ったからって変わるものではないのかな。（D教諭 (21)）

エコスクールにおける環境教育・ESDの実践は教師の意識変化にも影響を与えている。教師も子どもの学習や活動を通して節電などを意識的に心がけているという。研究授業やゲストティーチャーを招いた授業では教師も新たな知識を吸収しながら子どもと学んでいくというスタンスを大切にしている。

> 子どもにいっている分、自分がやるという気持ちはたぶんあると思いますね。

63

第2部　学校教育　大都市圏の学校はどう取り組むのか

　　環境のことでいえば節電とか、そういうことは意識するだろうし。(E教諭[22])

　　研究授業とか、あるいはゲストティーチャーの方を呼んで、私たちも知らない新たなことが分かる。それが意識できれば変わっていく。教師も子どもも変わっていくことができると思うんですよ。だから子どもと学んでいくというスタンスで。まあ、新しいことが分かれば取り入れるという感じで。やっぱり子どもも教師も変わっていくと思うんですよね。いい方向にね。子どもも大人もね。(E教諭[23])

　教師自身も教室移動時の消灯を初め、放課後まだ明るいうちから照明をつけて仕事するのは地域の方に申し訳ないという意識が働き、なるべく職員室で仕事をするようにしているという。

　　煌々とついてると地域の方に申し訳ないって。だからなるべく職員室でやるとか、本当に必要な時だけ電気をつけるとか。(中略) 地域の方に申し訳ないっていうような地域意識も先生方の中にすごくあるのかなと感じますよね。(B教諭[24])

　生活指導ではごみの分別・節電・節水のように学校生活や家庭生活で子どもでも取り組むことが出来る身近なところから始め、日々の積み重ねとして定着する「生活にいきるエコ」が本当のエコであると考えている。さらに、子どもたちの純粋な気持ちや前向きな気持ちに動かされ、子どもたちの思いを学校や地域全体に広げる役割を担うべきだと思っている。そして、教師自身も生活指導をする中で自らが子どもたちの手本にならなければならないと感じているという。

　　やはり自分たちが手本にならなきゃいけないなっていうところで、学校生活で子どもたちに指導していく内容すべてのなかで勉強だけではないものだから、どうしても指導してる時にはね、そういう話しても実践してるかっていうと、そうでないものを、子どもたちのすごく清らかな気持ちだとか、前向きな気持ちを聞くと、家でもやらなきゃとか。この思いを他の先生方にも伝えたりしながら、学校中に取り組みを増やしていかなきゃね。あなたたち

64

だけやっても限りがあるわけだから、今ここで思っていることを家の人にも伝えなきゃねとか。広げなきゃいけないなという意識は高まりましたね。（A教諭[25]）

3　メゾ集団としての学校＝エコスクール

　エコスクール化によって子どもの学びや教師自身の生活にどのような影響があったのか、子どもと教師の行動から読み解いてみるとメゾ集団としての学校＝エコスクールにおける社会的相互作用が認められた。

　新校舎で学べることを感謝し、学習意欲が高まっている子どもたちは、学習で得た知識を日常の生活に実践しようとする態度が見られた。教師がいわなくても教室の照明を消し、逆にエアコンの温度設定について教師に注意するなど、主体的な行動が見られたと考えられる。意識の高い子どもたちがまわりのそうでない子どもを率先して巻き込み達成しようとする雰囲気だったという（**図4-2-①**）。そうした意識の高い子どもたちの存在は、教師の意識変化に影響を与え、教師も子どもたちの手本になる必要を感じている（**図4-2-②a**）。

　次に、教師自身が教えるという行為を通して自らも学び、地域の専門家や

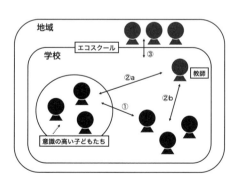

図4-2　メゾ集団としての学校＝エコスクール

①子ども同士の相互作用②子どもと教師の相互作用③子ども／教師と地域の相互作用

第2部　学校教育　大都市圏の学校はどう取り組むのか

授業支援者、ゲストティーチャーとの交流が意識向上のインセンティブとなっていることが分かった。このことは「教える−教えられる」の関係を超えて、ともに学ぶという教師のスタンスを特徴付けている。ごみ問題や水などを授業で扱うことで指導者である教師自身の意識も変化するであろう。ゲストティーチャーの話は学習のレベルを上げる効果を持ち、子どもの環境配慮行動だけでなく、教師の環境配慮行動にもつながったものと思われる（**図4-2-③**）。また、教師の行動には環境配慮よりも地域を意識した志向が働いていることも確認できた。

　一方、低学年では教師が努めて意識啓発を行っている（**図4-2-②b**）。中学年ではごみ問題や水の学習をきっかけに問題意識は高まるが、定着はこれからだと教師は指摘する。「使っていない教室の電気は消す」「手洗いや道具を洗う時は水道水を流しっぱなしにしない」といった日常生活のルールに関する意識啓発はエコスクールに限らずどこの学校でも見られる。こうした日頃の積み重ねが将来子どもたちの自律的な思考と行動を支えるものとなると考えられる。

　教師たちが語ったエコスクールに関する評価は概して肯定的な意見が多かった。他方、子どもの意識はエコスクールだけで変わるものではなく、継続的な教師の指導や学習の機会が必要であるという意見も見られた。

4　大都市圏における環境教育・ESDの充実に向けて

　2015年9月に開催された第70回国連総会の「国連持続可能な開発サミット」にて「我々の世界を変革する：持続可能な開発のための2030アジェンダ」が採択され、持続可能な開発目標（SDGs）の17目標と169のターゲットが掲げられた。エコスクール化は低炭素社会を目指す環境政策はもちろんのこと、地域の木材利用によって持続可能な森林管理を促進する経済活動を視野に入れた総合政策である。さらにいえば、東日本大震災以降、学校施設は避難所としての機能を強化するなど地域の防災拠点としてのニーズが高まり、今後

は蓄電池を備えた太陽光発電の利用が拡大すると思われる。以上のことから、エコスクール化はSDGsの17目標と169のターゲットのうち、低炭素社会を目指す環境政策の観点から目標13の「気候変動への緊急対策」、地域の木材利用による経済活動という観点から目標15.2の「持続可能な森林の経営」、地域の防災拠点としての観点から目標11.bの「災害に対するレジリエンスを目指す総合的政策」に関連していると考えられる。

　杉並区の場合、現時点では全教職員にESDが認知されているわけではない。しかし、エコスクールそのものが持続可能な社会の構築を目標とする環境教育・ESDの教材として活用できることからエコスクール化に合わせてESDに取り組むことが可能であろう。校庭の芝生化、建物の壁面・屋上緑化は、校庭や躯体の蓄熱を抑制し、教室内の温熱環境を改善する効果が示されており（岡本・須永 2006、2007）、ヒートアイランド現象の抑止効果が期待できる。したがって、環境教育・ESDの視点からは「校庭の芝生化、建物の壁面・屋上緑化は室温を下げる効果がある」といった実感を子どもたちが自らの観測や観察で得ていく過程が必要であり、そのためには新しい設備を活用した実験・観察学習の教育方法を開発することではないかと考えられる。エコスクールの教材としての価値を高めるのは、以上の視点を含ませることではないかと考える。さらに、こうした大都市圏固有の課題解決に向けた学校の取り組みを児童生徒が家庭や地域に発信することで地域住民の環境問題や環境保全に対する理解と関心を深め、意識啓発にも寄与するであろう。

5　おわりに

　改築校では新築校舎を大切に使わなければならないといった認識を教師と児童の双方が持っていると思われるが、年数が経つに連れてそうした気持ちは薄れていくことも考えられる。したがって、エコスクールの教育的効果を持続的なものにするには教科に関連付けた学習によって環境教育・ESDを定着させることが重要である。他方、A小の事例が示唆するように学校周辺の

第2部　学校教育　大都市圏の学校はどう取り組むのか

生活環境が環境問題への関心や環境配慮行動に影響を及ぼす可能性があり、エコスクールの教育的効果は高まると考えられる。また、教師が教室の照明、エアコンの温度設定などの節電、手洗い時の節水、給食の残滓の削減など、様々な場面で率先して手本となる行動を見せることの影響が大きいことはいうまでもない。

　謝辞
　本研究は、2011年3月に東京学芸大学教育学研究科に提出した修士論文の一部を修正、加筆したものである。杉並区立A小学校の先生方及び杉並区教育委員会事務局学校整備課に調査のご協力をいただいた。深く感謝の意を表したい。

注
（1）都道府県市町村が事業主体となり、改築や改修費用などの経費の一部を国が負担し、新エネルギー導入、建物緑化、木材利用などの整備を推進している。
（2）環境省「学校エコ改修と環境教育事業」http://www.ecoflow.go.jp/（2016年2月3日最終確認）
（3）環境教育等促進法の第9条3（学校教育等における環境教育に係る支援等）には「国は、環境教育の教材として活用するとともに、環境への負荷を低減するため、校舎、運動場等の学校施設その他の施設の整備の際に適切な配慮を促進するとともに、当該施設を活用し、教育を通じた環境保全活動を促進するような必要な措置を講ずるものとする。」とある。
（4）文部科学省「環境を考慮した学校施設（エコスクール）の整備推進」http://www.mext.go.jp/a_menu/shisetu/ecoschool/detail/1289509.htm（2017年2月5日最終確認）
（5）杉並区「平成24年度みどりの実態調査報告書（平成25年3月）」http://www.city.suginami.tokyo.jp/kusei/ryoka/jitai/1014016.html（2017年2月5日最終確認）
（6）文部科学省・農林水産省・経済産業省・環境省「エコスクール 環境を配慮した学校施設の整備推進」http://www.mext.go.jp/a_menu/shisetu/ecoschool/detail/__icsFiles/afieldfile/2012/06/04/1289492_1_3_1.pdf（2016年2月3日最終確認）
（7）杉並区「風とみどりの施設づくり報告書：夏季をすごしやすくする環境に配慮した施設づくりをめざして（平成18年1月）」https://www.city.suginami.tokyo.jp/_res/projects/default_project/_page_/001/013/486/report_

第4章　大都市圏のエコスクールが進める環境教育・ESD

kazetomidori.pdf（2017年2月5日最終確認）
（8）地域の気候に合わせた建築自体のデザインによって熱や光や空気などの流れを制御し、地球環境への負荷を極力少なくするとともに快適な室内環境を得る手法。
（9）杉並区「杉並区版「環境共生型学校施設」整備に向けて：エコスクール化検討懇談会検討報告書（平成19年3月）」https://www.city.suginami.tokyo.jp/_res/projects/default_project/_page_/001/013/651/eco_school_zen.pdf（2017年2月5日最終確認）
（10）杉並区「杉並区版エコスクールの推進〈既存校におけるエコスクール化の推進〉：第二次エコスクール化検討懇談会検討報告書（平成20年3月）」http://www.city.suginami.tokyo.jp/_res/projects/default_project/_page_/001/013/651/eco_school_2_zen_2.pdf（2017年2月5日最終確認）
（11）地下ピットや地下に埋没した管内に空気を送り込み、地中温度が夏季には外気温より低く、また冬季には高いことを利用して冷暖気を建物に取り込む。
（12）夏季の教室の暑さ対策として、教室及び廊下に設置した低速の換気扇を夜間に自動運転し、夜間の冷気を校舎内に引き込み、対流することで躯体に蓄積された熱を開放する。
（13）A教諭、2009年6月19日
（14）B教諭、2009年6月5日
（15）校長、2010年8月17日
（16）B教諭、2009年6月5日
（17）A教諭、2009年6月19日
（18）A教諭、2009年6月19日
（19）C教諭、2009年6月12日
（20）D教諭、2009年6月12日
（21）D教諭、2009年6月12日
（22）E教諭、2010年6月11日
（23）E教諭、2010年6月11日
（24）B教諭、2009年6月5日
（25）A教諭、2009年6月19日

引用文献
岡本沙織・須永修通「屋上および壁面植栽が教室の温熱環境に与える影響に関する実測解析」（『日本建築学会大会学術講演梗概集（関東）』2006年）575〜576ページ
岡本沙織・須永修通「冷房を用いない学校教室の温熱環境改善に関する研究」（『日本建築学会大会学術講演梗概集（九州）』2007年）527〜530ページ

第5章　大都市圏の小・中学校で始まっている自然体験学習・ESD
―善福蛙の取組を事例として―

三田　秀雄

1　はじめに

現在の地球には様々な環境問題があるが、どの問題にも容易な解決策が見出されるはずはなく、今後の地球の未来は明るいものには感じられない。このような現状を、我々は、どう捉えたらよいのか、どう生きたらよいのか、人類全体で真剣に考えて行く時期に来ている（写真5-1は筆者撮影、海外でも問題克服への試みが始まっている）。

写真5-1　下水から復活した清渓川「ソウル」

問題解決型で考えて行く方法がある。「温暖化対策のために、二酸化炭素の排出をできるだけ削減しよう。」というのもこの一例である。それらは重要なアプローチの一つだ。確かにそのような取組は必要ではあるが、我々の団体は別のやり方をしている。それは「バックキャスティング」の類といえると思う。

我々はまず未来に「夢」を持つことから始める。そしてその夢に向かって進んでいく。夢に向かっていくことは楽しいし、夢に向かって頑張っていると、発想が膨らみ、過去のやり方にしばられない新しい方法や新しい価値が生まれてくる可能性もある。

そのように「夢」を追いかけて活動しているのが「善福寺川を里川にカエル会」（通称：善福蛙）だ。この団体は結成当初から夢を追いかけている。「里

第5章　大都市圏の小・中学校で始まっている自然体験学習・ESD

川にカエル会」という名前にも、「夢をかなえるぞ！」という願望のようなものが漂っている。そしてさらに「日本を元気にする」という大きな夢さえも我々はもっている（**写真5-2**）。

ではそんな風に「夢を追いかける」ためには何が必要なのだろうか。我々善福蛙はみんなでワイワイ話し合いな

写真5-2　善福蛙　アクション「源流のつどい」

がら、楽しく実践することだと思っている。アイディアを出し合う、生物を観察する、雨量を記録する、地形の模型をつくる、植物を調べる、橋を調べる、歴史を語る…何でもいいから実践することだ、と思っている。その中から、思わぬアイディアや新しいものの見方が出てきたりもする。そして、そんな話し合いが、一人では描けなかった「夢」を紡ぎだしていくことにつながっている。それをみんなで楽しんでいる。そんな集団が「善福蛙」である。

このように、ワイワイガヤガヤ楽しくやっている我々善福蛙だが、実は河川研究者、野鳥研究者、環境教育研究者、編集者、環境団体講師、学校関係者など様々なバックグラウンドを持つ専門家がたくさんいる。「善福寺川の生物は今どう…」と尋ねれば、次の日には水槽に入った魚をたくさん持ってきてくれる。「あの工事は…」と聞けば、図面や多自然川づくりの工法の話が出てくる。「この辺りは昔…」とつぶやくと、縄文時代あたりから話が始まってしまい、いつまでたっても終わらない。

そんな、とても頼りになる、専門家集団が我々善福蛙である。

ここまで、夢を追う集団としての「善福蛙」についてはじめに述べてきた。次に「善福蛙」とは何なのか、その実像を具体的に紹介することにする。

2　「善福寺川を里川にカエル会」〈善福蛙〉とは何か

3・11の震災があり、日本全体の心が沈んでいた2011年の暮れ、九州大学

第2部　学校教育　大都市圏の学校はどう取り組むのか

の島谷教授や東京工業大学の桑子教授らが「東京の川を変えよう」と声を出し、杉並区にある善福寺川にたくさんの人たちが集まった。何かワクワクしたものを感じながら、私もその声に反応した。その人たちは川沿いを歩きながら、すぐに意気投合し「善福寺川を里川にカエル会」（善福蛙）がその日のうちに誕生した。善福蛙は市民力により善福寺川を里川に変え、東京をカエル、そして日本をカエルことを目指して、この日、活動を開始した（**写真5-3**は善福蛙のパンフレットの表紙である）。

写真5-3　善福蛙パンフレット

　みんなで力を合わせて楽しく活動すること、身近な環境を自分たち市民の力で変えることが善福蛙のやり方である。そしてそれが日本を元気にすることにつながると確信し、2011年のあの日以来ずっと、我々善福蛙は活動をつづけている。

　善福蛙発足当時、組織は次のようであった。
［名称］善福寺川を里川にカエル会　略称：善福蛙
［共同代表］島谷幸宏（九州大学）／三田秀雄（武蔵野市立第一中学校）
［理事］吉村伸一（河川プランナー）／桑子敏雄（東京工業大学）／吉冨友恭（東京学芸大学）／中村晋一郎（東京大学）
［事務局］東京工業大学　桑子研究室のメンバー

　このように、発足当初は大学関係者がほとんどを占めていた。中学校籍は私だけであったが、大学関係ではない私が共同代表となり、会の運営に携わったことは、その後の会の性質を決めていく重要なポイントとなった。発足から約5年が経過した現在でもこの会の発起人である島谷教授の存在は当時と変わらず大きいが、いつの間にか運営の中心となって動いているメンバーの大半が杉並区民となっている。現在、事務局は大学の研究室ではなく、和田堀を中心に活動をしている渡辺博重さんをはじめとして、杉並区の学校支

第5章　大都市圏の小・中学校で始まっている自然体験学習・ESD

援本部のメンバーや杉並環境ネットワークの方々など、たくさんの区民の方が中心となっている。

「市民力」を標榜する我々善福蛙としてはこのような運営組織の変遷は大変重要である。スタートから共同代表制という組織をつくった島谷教授の頭の中には、やがてこのように、大学中心から市民中心に組織が変わっていくイメージが初めからあり、このような運営組織をデザインしたのではないかと私は思っている。

そして、組織の変遷と同時に、市民側も大学の先生から教えてもらうという受け身の姿勢から、主体的に行動する姿勢に変化していったことは、我々自身のことながら、組織運営の方法として大変興味深く思う。

では、善福蛙は具体的にはどのような活動をしているのか。1年間の活動を例に挙げることにする。

〈1年間の活動例〉2013年

1月12日　善福蛙アクション（第6回）・本会立ち上げの相談
4月6日　「立ち上げ集会」─善福蛙本会設立シンポジウム　勤労福祉会館
5月25日　善福寺川アクション（第7回）野川見学会
7月20日　善福カエルカフェ with スターバックスコーヒー
7月28日　すぎなみ環境ネットワーク講演会　講師吉村伸一さん
9月7日　第15回日本感性工学会総会大会　特別企画善福蛙
10月12日　善福蛙アクション「善福寺川再生の夢をカタチにしよう！」
12月8日　第14回善福寺川フォーラム「めざせ川ガキ復活！」

「アクション」は一般参加も含む、善福蛙企画・運営のイベントである。「善福寺川フォーラム」は実行委員会主催であるが、現在は、善福蛙が運営の中心となっている。このように自ら様々なイベントを企画実施しながら、他の団体とも協力して活動を行っている。

この他に、学校の教育活動に於いて、教育課程の内外で活動しているのが我々の特徴である。次に学校での活動について説明することにする。

第 2 部　学校教育　大都市圏の学校はどう取り組むのか

3　学校教育と善福蛙

（1）杉並区立井荻小学校と善福蛙

　井荻小学校の敷地内には善福寺川が流れている。子どもたちは毎日の生活の中で、善福寺川と隣り合って過ごしている。

　2009年、当時の 5 年生が社会の授業で、「私たちの生活と環境」について学んだ。この授業で、子どもたちは、京都の鴨川をきれいにしたのは、地域の人々の取組だと知り、いつも身近にある善福寺川を自分たちできれいにできないかと考えるようになった。そして、放課後などに川沿いに整備されている遊歩道の清掃活動を始め、さらに手作りの看板を掲げ「川をきれいにしましょう」と地域の住民に呼び掛けをする活動が始まった。これらの活動は、代々の 6 年生の放課後の自主参加活動として受け継がれ、やがて保護者や地域の方々を巻き込み、今では河床に降りての清掃や水質検査を行うまでになった。

　また、井荻小学校では、以前から自然観察活動が盛んで、総合的な学習の時間に善福寺公園や善福寺川周辺の環境についても学んでいた。その活動の陰には、「学校支援本部いおぎ丸」や「杉並環境ネットワーク」の協力があったが、さらに現在では善福蛙もその活動に加わっている。

　東京大学の中村先生（現在は名古屋大学）は「晋ちゃん先生」として出前授業を行っており、子供たちに大変慕われている。彼のような現役の河川研究者が、直接子どもたちと触れ合うというのは、善福蛙ならではの取組であろう。また、そのような関係から、この子供たちは、我々善福蛙が主催する行事にもたびたび参加してくれるようになり、そこから大人（保護者）へのつながりもできつつある。また、井荻小学校の協力を得て、九州大学は雨量計や水位計の設置などもすることができ、研究者側としても貴重なデータを得ることができている。

　いつの日か、この子供たちが、成長し、学生や研究者として我々の活動に

第5章　大都市圏の小・中学校で始まっている自然体験学習・ESD

携わってくれることもそう遠い夢ではない。現に、昨年は井荻小学校の卒業生が、我々の企画「善福蛙カフェ」に参加してくれた。このように地域の小学校を拠点として、我々の活動が大きく広がっていく可能性を感じている。

このようなESDにつながるローカルな自然体験学習ができているのは、多くの研究者などを擁する善福蛙の協力によるものであると自負している。

（2）杉並区立東田中学校と善福蛙

東田中学校の校庭は善福寺川に隣接しており、元々善福寺川と大変縁の深い学校だ。

その中学校に、善福蛙の共同代表である私が、2014年4月に赴任した。善福蛙の活動をしている私としては、願ってもないことであったが、東京都の

写真5-4　初代善福寺川研究部

教員である私が、数ある東京都の学校の中で、この学校に配属されたことには、我ことながら驚いてしまった。

赴任した私は、早速その4月に「善福寺川研究部」という部活動を立ち上げた（**写真5-4**）。

私が「善福寺川研究部」をつくった動機はとても単純なものだ。こんなに善福寺川に近いにもかかわらず、それまでの東田中には川に関する部活動や総合学習などは一切なかったからだ。こんな近くに善福寺川という財産があるのだから、地元の皆さん（生徒）に是非とも関わってもらいたいということだ。

そして、そのきっかけとなるように「善福寺川研究部」を設立した。もちろん顧問は私だが、善福寺川研究部は善福蛙の下部組織ではなく、川を考える同じ仲間として、善福蛙とも対等な立場で活動している。

3年目に入った現在、部員は1年生3名、2年生4名、3年生4名の11名となった。彼らは自分たちで研究テーマを決め、それぞれのテーマに沿いな

第2部　学校教育　大都市圏の学校はどう取り組むのか

がらも、できることは、みんなで協力して研究を進めている。

　善福寺川研究部は学校の内外で積極的に活動している。

　校内では研究成果の展示や新聞発表を行い、校外では杉並区善福寺川フォーラム等で、多くの環境団体に混ざって、堂々と自分たちの活動内容を発表している（**写真5-5**）。

　また、創部3年目のこの夏は九州大学の「あまみず社会研究会」の研究の一環として福岡市に招かれ、2泊3日の間、樋井川や上西郷川での生物調査、福岡市立友泉中学校の生徒との共同ワークショップ、福岡大学でのあまみず研究や市内でのあまみず貯留に関するフィールドワーク等、福岡市で研究活動を行った。

　このように中学生が大学から招かれ、福岡に滞在し、研究に協力することは、大学側としても、中学校側でも前例がなく、「部活動」としての枠を超えていた。そこで、保護者の許可の下、各生徒が個人で参加する形をとった。顧問である私も、研究協力者の一人として参加した。福岡滞在中は、あまみず研究者である建築家の自宅に彼らと共に寝泊りし、九州大学、熊本大学、福岡大学、福岡工業大学など多くの先生方、学生の方々と共に過ごした。これらの時間は、生徒たちのみならず、私にとっても、大変貴重な経験となった。

　中学生の時期に、このような第一線の研究者と関わり、刺激を受けたことは、今後の彼らにとって計り知れない貴重な経験になったに違いない。まさに九州大学の「あまみず社会研究会」が標榜する「多世代共創社会」の先がけといえる企画だったと思う。

　また、杉並区「水鳥の棲む水辺創生事業」のシンポジウムでは、善福寺川研究部に発表依頼があり、活動報告をしパネラーを務めた。

写真5-5　善福寺川フォーラムで発表する善福寺川研究部

76

第5章　大都市圏の小・中学校で始まっている自然体験学習・ESD

さらに、近隣の小学校から講師依頼もあり、中学生が行っている一般的な「部活動」の枠は完全に超えて、社会の中でどれだけ自分たちが活躍できるかという段階にきている。

このような中学生の活躍は、学校だけの力では実現できず、我々善福蛙のような外部の協力がなければ、成し得ないことであるということは明白だ。

また、逆に言えば、我々のような外部団体が少し協力するだけで、チャンスさえ与えられれば、中学生であっても、大人以上に社会で活躍し得るということの証明でもある。

4　大都市圏における環境教育・ESDの充実に向けて

外部の団体が関わることによって、子どもたちの可能性が大きく広がることを東田中学校の例で述べた。特にESDという視点ではローカルな取組みは欠かせない。この意味でも外部団体のはたらきは重要となる。学校では移動教室はさかんに実施しているが、逆に身近な体験は少ない。身近な体験こそ容易にできそうに思えるが、実はその方が難しい。今の学校には、その余裕も、余力もない。

そこで、我々のような、外部の様々な環境団体の活用が有効な手立てとなる。学校として何らかの企画をし、講師を依頼すれば、当然費用がかかるが、環境系の団体に任せれば、費用の負担もほとんどない。

さらに、多くの環境団体は企画の段階から参画することができる。時間と実施したい内容を伝えてもらえば、授業の計画から実践まですべて実施することが可能だ。

このような環境団体等の活用が、大都市という環境では容易に可能だ。東京都内には数えきれないほどの様々な環境に関わる団体がある。そして、それらの活動には、必然的に啓発活動が伴う。そのため、団体の側としては、元々多くの人たちに関わりたいという意向をもっている。もちろん学校からの要請は大歓迎ということになる。

77

第2部　学校教育　大都市圏の学校はどう取り組むのか

　このように各環境団体と学校とは根底では「相思相愛」の関係にあり、大都市は、多くの団体が存在するという、学校にとっては好条件の環境にある。

　それにもかかわらず、現状では、そのような組織が現在十分に活用されているとは言えない。それは、学校というものが、相変わらず閉鎖的で開かれていないためである。我々善福蛙には、私のような学校関係者もおり、学校とのつながりは比較的スムーズに持つことができた。しかし、一般的には学校とそのようなつながりをもつのは、かなり困難なのが現状だ。環境団体からは、どのように学校に申し出たらよいかわからず、学校側からも個々の団体に要請する方法を知らない。現状はそのようであり、一般に地域の環境団体と学校が深く関わっている例は多くはない。

　学校が自ら動いて、各自治体に問い合わせをすべきだ。そうすれば容易にたくさんの団体を見出すことができるだろう。大都市圏にある学校は無料で有能な講師が、近くにたくさんいることを意識すべきである。

　また、団体側の努力不足も否めない。教育委員会の後援名義を得られれば、学校で案内を配布することもできるし、自治体の広報紙に掲載することもできる。杉並区では区に認定されている環境団体だけで数十の団体があるが、学校で活動や企画の案内等を配布している団体はほとんどない。各団体もこのような努力をしていくことが団体の活動の幅を広げていくことにつながることを知るべきだ。

　ここまで、我々善福蛙の活動や学校と環境団体等の関係を中心に述べてきたが、都市では子どもたちの豊かな自然体験やESDにつなげることのできるリソースは我々のような環境団体以外にも無限にある。

　東京には多くの大学や研究機関が集まり、多くの研究者、専門家が身近にいる。また、多くの企業や団体もその拠点を東京に置いていることも多く、それらにはたらきかけることも可能だ。

　そのような豊富なリソースに加え、東京は全国的な注目度が高く、テレビ局などのマスコミ、企業のCSR、他の地方からの協力なども得やすい。

　私が勤務する東田中学校の学区域には、都市工学で高名な大学教授の自宅

がある。また、私の自宅付近には、建築家の方々が多く住んでいて、その方たちと「井荻まちづくりラボ」というまちづくり団体をつくり、活動している。

　企業も身近な存在としてある。善福蛙が川で「アクション」をする際に、スターバックスが無料でコーヒーを提供してくれる。我々の活動を継続取材しているテレビ局もある。水族館や動物園、博物館等も学校から要望があれば、快く講師を派遣してくれる。これらの組織も基本的に「教育」という機能を持っているためである。

　このように東京にはリソースが溢れている。しかし、それらはまだほんのごく一部しか活用されていない。このようなリソースに恵まれた東京でどのように子どもたちとそれらのリソースを繋げていくかが今後の大きな課題だ。

　そしてそのためには、学校という場所だけではなく、新たなプラットホームをつくり、様々な地域のリソースとつながりながら、大人も子どもも地域について学んでいくことが必要になる。それによって、「人と人とのつながりが希薄である」といわれがちな都市における関係性の改善も期待できるのかも知れない。そのような、ある種アカデミックな関係性を基にした新しい形の人と人とのつながりの構築が、都市のESDにおいて新しいポイントになるように思う。それはかつての「近所づきあい」とは異なり「知的なつながり」や「アカデミックな関係性」とでもいえるだろうか。そのような想像ができるのも都市ならではのことであろう。

5　おわりに

　思想史家の渡辺京二氏は、その著書の中で20世紀の呪いとして「インターステイトシステム」と「世界の人工化」を挙げている（渡辺 2013）。人工化した環境を「呪い」とまでは思わないまでも、我々にとって自然環境が必要なことは、異論のないところであろう。そして、その必要性は子どもたちのみならず、都市で育った大人たちも実感していることであり、グリーンイン

第 2 部　学校教育　大都市圏の学校はどう取り組むのか

フラの実現が望まれる所以でもある。そのような人工化された東京の都市環境で育つ子どもたちは、その様な面では確かに恵まれていない。

　しかし、都市の豊富なリソースを十分に活用できれば、限られた自然を利用しながらも、豊かな自然体験をさせることが不可能とはいえない。それは恵まれた自然のある地域で育つ子どもたちよりも、ある意味では上質な体験となる可能性さえ秘めている。

　また、それと同時に構築されるアカデミックな人間関係が、都市の人々の間に、都市を変えていく新しい構造をもたらすかもしれない。

引用参考文献
渡辺京二著『近代の呪い』平凡社新書、2013年

第6章　大都市圏の高等学校で進めてきた
環境教育・ESD
―東京都立つばさ総合高校の環境活動を事例として―

荘司　孝志

1　はじめに

　2011年3月11日の東日本大震災は首都圏においても大きな影響を及ぼした。卒業式前日であった私の職場も例外ではなかった。続いて起きた大停電とそれに続く混乱は環境教育に関わってきた私にとっては、エネルギーを消費する側の首都圏とエネルギーを供給する側の地方との関係を考えさせられる出来事であった。

2　東京都立つばさ総合高等学校における環境教育

　東京都の南東、羽田空港の近くに建つ「東京都立つばさ総合高等学校」は都立高校2校目の「総合高校」として2002年に開校した。
　開校当初より「環境意識の高い生徒の育成」を目指し、当時企業等で採用されていた国際的環境規格であるISO14001の認証取得を目指した。私はその取得に関わり、その後本校における環境教育にも関わることになった。
　2004年3月にISO14001（以下ISO）の認証を取得し、本校は環境活動を中心に環境教育を行うことになった。ISOは所属組織において様々な環境に影響を与える要因を継続的に改善するための手法である。PDCAという管理サイクルをまわす環境マネジメントシステム（以下、EMS）を作り、それに従って様々な活動を計画・運営・評価する仕組みである。そのEMSの中に「教育」をどのように位置づけるかを議論した覚えがある。つまり、本校におけ

81

第2部　学校教育　大都市圏の学校はどう取り組むのか

る環境教育は現行の学校教育の中から作り上げたものではなく、地球サミットにより提案・作成されたISO14001の規格を「教育的に解釈した」ものと捉えていただければよいと考えている。

　事業所として扱われている本校の行う環境活動は、基本的にISOを取得する企業のものと相違なく、環境負荷を減らす活動が中心である。しかし異なる部分もある。教育機関として行うISOであるため、環境負荷削減の成果のみを目指すのではなく、いかにその「活動」を「教育」へ昇華させるかを重視している。本校の行う環境活動（教育）の考え方・特徴は以下の通りである。

（1）環境活動により生徒・教職員の環境意識の向上を図る

　本校の環境活動の目的は「生徒・教職員の環境意識の向上を目指す」ことである。この「活動」を通じて、直接活動に参加していない生徒・教職員、また本校に関連のある保護者・出入りの業者などの環境意識の向上を図る波及効果も目指している。この「活動」により「環境意識」の向上を図る仕組み全体を本校では「環境教育」として捉えている。

（2）学校組織全体を対象としている

　環境活動の形を作り上げるために、まず本校のどのような活動が環境にどう影響を与えているか調査を行った。影響を与えると判断した項目について目標（目標値）を持ち、その影響を削減するための活動を組み立てていく。本校の場合は、「電気使用量」、「ゴミの排出量」、「用紙の使用量」などを対象項目にしている。また、日常的な教育活動も環境に影響を与え得るものとして捉え、環境目標の中に「教育活動の中で環境について扱う事」との項目を設けている。具体的には「高校生環境サミットの実施」、「環境講演会の実施」、「各教員による環境教育の実施」などである。もちろん、「教育活動における環境への影響」は、環境に良い影響を与えるものとして扱っている。この考え方に従い、EMSは毎年点検され、改訂される。このように、学校

第6章　大都市圏の高等学校で進めてきた環境教育・ESD

の敷地をフィールドと見なし、その中で行われる教育活動も含めた学校全体の運営の中にISOによる環境活動を定着させる努力を行っている。

（3）目標を作り、活動を計画し実施して、評価する組織を持つ

　毎年EMSを見直し、目標を作り直して達成のための活動を組み立て直す。また、EMS全体の評価も行う。そのための組織がISO推進委員会である。本校の環境活動の決定機関であるISO推進委員会に生徒会やISO委員会の生徒、保護者が入っていることが大きな特徴である。環境に関する決まり事やシステム作り、その評価等を行う主体が教員だけではないという事である。将来的にはこの組織に地域の方も加えたいと考えている。本校に関連のある人や物、催しはもちろん教育活動全体も本校の環境に影響を与えている。生徒、教員、保護者、学校を訪れる方も本校の環境に無関係ではないとの考え方である。

3　実際の取り組み

　グラフのように、本校のゴミの排出量は活動開始以前に比較すると80％削減している（図6-1）。これは、さまざまな工夫と徹底した分別活動によるものである。開設当初、本校のゴミ箱は「燃えるゴミ、燃えないゴミ、ビン・缶、ペットボトル、紙パック（牛乳等）」の分別を行っていた。しかし、ゴミの動き方を調査すると分別した紙パックを業者が回収する際に燃えるゴミと混ぜていることが分かった。分別を指導する教員と、業者の回収方法が異なっていたためである。紙パックはリサイクルできる資源だが、依頼していた業者はそのシステムを持っていなかったのである。結局、我々

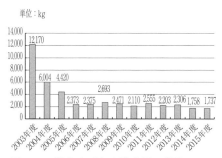

図6-1　燃えるゴミの排出量の推移

第 2 部　学校教育　大都市圏の学校はどう取り組むのか

写真6-1　資源・ゴミステーション

では紙パックをリサイクル処理できる組織に届けることができないことが分かり「燃えるゴミ」として扱うことになった。そのためごみ箱の形が変化した。以降、ゴミ箱の形、リサイクルの形等の試行錯誤の結果、現在は各教室にごみ箱を設置せず、写真のような「資源・ゴミステーション」と呼ぶ施設を各学年用に2カ所設置し9分別で回収している（**写真6-1**）。職員室も同様の分別の形であり、現在は学校全体で「資源・ゴミ排出の形」を統一する事ができている。不要になったものを捨てようとする生徒は、このステーションまで持って行き分別して捨てる仕組みである。しかし、設置してある資源・ゴミステーションでの分別は、こちらが求める水準にはなかなか至らない。そのため担当の教員とISO委員会の生徒で毎週1回、倉庫に集めた資源やゴミの袋を改めて開封し、ゴミの袋の中から資源を抜き、資源の袋の中からゴミを抜く再分別の作業を行っている。その作業の最後にゴミの計量を行い記録する。このようなリサイクル資源（紙、プラスチック、ペットボトル、アルミ缶、スチール缶）とゴミ（可燃ゴミ、不燃ゴミ）の分別を徹底的に行うことにより「ゴミ」そのものの量を削減している。しかし、ゴミや資源の分別の形、それを回収し保存する倉庫の形、回収業者の回収方法、またそのゴミを計量することを一つのシステムとして統一するまでにはさまざまな経緯があった。

　分別し、ゴミを計量するこの活動は、学校用務の業務とかなり重なってしまう。ISO推進委員会、用務、事務室などと検討を重ね、この活動を環境活動（教育）の一環として生徒と教員で行うことを認めていただいた。活動開始当初は夏休みや冬休み、祝日なども含め年間を通じてこの活動を生徒と教員だけで継続できるか心配されていたことも事実である。

　また、こちらがゴミを計量する事については、回収業者との協議が必要であった。それまで本校のような小口のゴミの回収は90リットルのビニール袋

第6章　大都市圏の高等学校で進めてきた環境教育・ESD

１袋で７kgとの契約で行われていたからである。５袋で35kgの計算である。実際の１袋は７kgより軽いことはお互いに知っていたが、作業の単純化という点で採用されたもののようである。従ってゴミの削減活動とは１袋の中にどれだけ多くのゴミを詰め込むかの活動であった。それを自分たちで計量したいと申し出たため、回収業者側と契約変更等の協議が必要となったのである。現在では、こちらが計量した数字が排出量となっている。一方資源の方は、現在では紙類、プラスティック類をリサイクル業者に売却するシステムになっている。生徒が不要になり捨てた紙やプラスティック資源が、お金になり返ってくるシステムである。この方式について教育委員会に相談した際、「返ってくるお金を受け取る権利を生徒が放棄した確認が必要」ということであった。学校内の公的な組織が売り上げを得ることは問題があるとの見解であった。協議の結果、システムはそのまま生かし、お金は東京都に納入することになった。

このように、新しいシステムを作ることは、いろいろな所に波風を立ててしまう。しかし、その波風こそが学校の環境影響の削減を進めるために乗り越えるべき壁の一つである。その壁をどのように考え乗り越えていくかも本校の環境教育の材料の一つである。

ゴミの排出量を80％削減し、

表6-1　資源・ゴミの28分別結果

	項目	重量 (kg)
1	紙製包装容器	8.42
2	飲料用紙パック	14.51
3	ノート・プリント類	32.76
4	雑誌・カタログ類	11.70
5	シュレッダーごみ	24.60
6	段ボール	0.94
7	その他の紙（リサイクル可能）	10.76
8	その他の紙（リサイクル不可能）	15.91
9	布類	13.33
10	食品類	3.70
11	食品以外の厨茶類	0.47
12	木・わら・花（割りばし）	7.02
13	ペットボトル	65.20
14	プラスティック容器	27.38
15	レジ袋	5.70
16	プラステックトレー	0.00
17	プラスティック・ビニールの袋	13.69
18	その他のプラスティック	2.85
19	ゴム・皮製品等	2.85
20	アルミ缶	5.40
21	スチール缶	2.60
22	アルミ缶・スチール缶（リサイクル不能）	0.00
23	その他金属（スプレー缶）	0.20
24	その他金属（クリップ、ピン等）	1.50
25	ビン類	2.80
26	ガラス等	0.00
27	不燃小物類	1.60
28	その他（分別できないもの）	9.80

85

第 2 部　学校教育　大都市圏の学校はどう取り組むのか

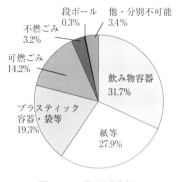

図 6-2　項目別分類

ISO推進委員会ではこれ以上の削減はできないと考えていた。そこで、大阪府堺市が実施している「ゴミの40分別（ゴミの組成分析）」に2013年から実験的にチャレンジしている。2014年の実験結果をグラフに示した（表6-1）。1週間に集まった資源やゴミを改めて28の項目に再分別し直した結果である（実験は両年度とも7月に実施）。その結果、ペットボトル容器が圧倒的に1番の重さを示すことが分かった。2014年はその本数も調べた。おおよそ1週間で2,800本のペットボトル容器が捨てられ、資源としてリサイクルされている。さらに、項目別分類を見ると、飲み物容器（ペットボトル、牛乳等パック、缶等）、紙類（ノート、冊子、用紙）、プラスチック容器（コンビニ袋、お弁当の容器、パン等の袋等）が全体の80％程度を占めている事が分かった（図6-2）。我々が減らそうとしている可燃ゴミ・不燃ゴミは20％に満たないことも分かった。ISO推進委員会では、この結果を受けて2つのことを結論づけている。1点目は、「現状のシステムではこれ以上ゴミの排出量削減は難しい」。2点目は、「思った以上にリサイクル資源の排出量が多く、リサイクルしているから安心といえる状況ではない」というものである。そのため現在、「資源」の排出を防ぐ活動を計画している。対象はペットボトル、食べ物容器などである。その活動は生徒・教職員の食べ物、飲み物への意識を変化させることにつながる。それこそが目的とする「環境意識の向上」につながるのであるが、「リデュース」を促進する「活動」をシステム化することの難しさに直面している。

4　電気使用量の削減

　本校は2校分の敷地を持つ都内でも有数の広さを誇る学校であり、近代的

第 6 章　大都市圏の高等学校で進めてきた環境教育・ESD

なガラス面を多く使用した校舎を持っている。また全館一斉の冷暖房装置を持っている。おそらくそのためもあり、開設当初は全都立高校の中で最も電気使用量が多い学校という不名誉な結果を招いていた。ISOの認証取得以来、継続的に「電気使用量の削減」を「環境目標」に入れてきたことはこのような事情による。

環境活動を開始する以前の2003年度は1年間で約130万kWの電気を使用していた。以後、毎年削減に努めた結果2015

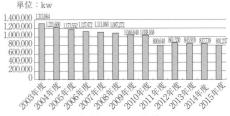

図6-3　電気使用量の推移

写真6-2　つばさ環境の日

年には約80万kWの使用量となり約40％の削減に成功している（**図6-3**）。2011年に極端に使用量が減っているのは、東京都全体が東日本大震災のために15％の削減を目指して活動したためである。しかし、2012年以降も極端な反動はなく、電気使用量の削減は順調に継続されているものと考えている。「ゴミの排出量削減」の活動とは異なり、電気の削減活動は対象が目に見えないことが難しい。そのために、ISO委員会では「つばさ環境の日」や、委員会が発行する機関紙「USO800（ウソ八百）」を利用して生徒に訴えることで意識を高めようとしている。「つばさ環境の日」とは、毎月1回実施する行事で、ISO委員会が決めた「今月の目標」をその日の朝に登校する生徒や教職員に呼びかけることになっている（**写真6-2**）。

本校では、現在「電気使用」に関する活動を組織的には行っていない。それではなぜ電気使用量が削減できるのかがISO推進委員会の中で話題になることが多い。以前のように、誰もいない教室や職員室の照明や空調がついて

第2部　学校教育　大都市圏の学校はどう取り組むのか

いないかチェックしたり、大きな行事の際に教室の消灯確認などの活動は行っていない。また、たとえば生徒の活動が大きく変化したとか（夜間照明をつけて練習するクラブがなくなったとか）、学校の活動が変化したとか（日曜日の学校の活動を削減したとか）の事実はない。ISO推進委員会ではこの電気使用量の削減は「生徒、教職員の省エネに対しての意識向上」によるところが大きいと考えている。逆に考えれば、「意識の向上」により電気使用量は30％程度の削減が可能であろうとの確信でもある。新しい節電技術や装置を導入することで達成したわけではない。この効果は生徒の家庭や地域にも波及すると思われる。もちろん、「環境に関しての講演会」や「高校生環境サミット」の実施なども生徒の環境意識を高める上で役立っている。また、ゴミの分別活動も環境意識を高めることに寄与し、電気使用量の削減効果にも影響していると考えている。

　今後の課題として、この活動を行っている中で発見したこと、また現在取り組んでいることを記述する。

（1）電気使用量の謎

　本校の2013年12月31日は、学校の中に教職員や生徒の誰も入室していない日であった。記録によると、その1日で約1,000kWの電気使用量があった。これは、学校で使う蛍光灯約1,000本が24時間つけたままになっている状態に相当する。基本的に学校を最後に退出する教職員は切るべき電気のスイッチはすべて切り退出する。照明等の消し忘れは一切ない状況である。したがって、この電気使用は日常的に我々がスイッチにより管理している以外の電気であることを示している。この切れない電気を1年間使用し続けると、学校全体の年間電気使用量の約40％になる計算である。これは、たとえば学校における生徒情報などさまざまなデータ保管に使用する大型コンピュータであり、冷暖房装置の熱の維持・管理であり、数台保有する大型冷蔵庫であり、生徒用・教職員用のパソコンの待機電力などによるものではないかと想像できる。それは直接的な生徒や教職員のための電気というより「ある状態」を

維持・管理するための電気のようである。確かに、学校において（家庭においても）、ある状態を維持・管理するために電気等のエネルギーを使うことは必要である。しかし、その使用量は思った以上に大きなもののようである。電気使用量削減の問題は、実は照明のスイッチを切ることや空調の温度設定をすることに限らず、生活が便利に行えるように維持・管理するための電気使用にもあるようである。

　私たちは「生きるために必要なエネルギー」や「便利な生活のために使うエネルギー」、「何かを管理するために使うエネルギー」を区別せずに一括で削減のために活動していたようである。今日のエネルギーに関する環境教育は、単に照明や空調の省エネを中心としたものでは済まない状況になっていると感じる。

（2）カーボン・オフセットの取り組み

　2014年度よりISO委員会では「カーボン・オフセット」の取り組みを行っている。これは、本校の電気使用量の削減もいずれは頭打ちになることは明白であり、その際に削減できなくなった電気使用量をどう考えるかの実験である。エネルギーの問題は「これ以上削減できないからもう十分」といって済むものではないと考えているからである。カーボン・オフセットとは二酸化炭素の吸収源となる森林保全団体や、クリーンな電気を創出している団体を支援する取り組みである。どうしても削減できないエネルギー使用量に相当する二酸化炭素の排出量を、それらの団体が創出した二酸化炭素吸収量に相当する「クレジット」を購入することで「相殺する（オフセット）」制度である。本校が毎年実施する「高校生環境サミット」というオープンな取り組みを行う際に排出してしまう二酸化炭素を、行わなかった場合と比較し計算して、その増加分を「クレジット」を購入することでオフセットしている。高校生が金銭を取り扱う活動を行う事の問題もある。また、結局は経済活動に加わることでしか支援ができないのか疑問を持つ生徒もいる。しかし、国が行っている環境対策の一部を生徒が研究することも環境教育の重要な題材

第2部　学校教育　大都市圏の学校はどう取り組むのか

であり、批判的な意見を持つことも含めて環境教育の重要な観点であると考えている。

5　大都市圏における環境教育・ESDの充実に向けて

（1）大都市圏と学校の類似性

　このテーマをいただいたときに迷ったことは、ISOによる環境活動を大都市圏的な環境教育と呼べるかという点である。テーマについての会議で話された「首都圏とはどのような場所ととらえるか」についての中に「環境的に大都市圏を捉えると、大都市圏において「文化」、「多様性」、「政治・経済」、「仕組み」などを生産するために、多くの非生産的な人間を大都市圏に集める必要性がある。また、都市以外の地方から首都圏を支えるためのエネルギーや物資を導入する必要が生じる」という観点があった。この大都市圏のとらえ方が、そのまま現在の「学校」の姿に類似していると私は考えている。学校は「教育、教育活動」を行うために多くの生徒や教職員等を集め、エネルギーや物資等を投入してその活動を継続している場である。そのように考えると、今日の大都市圏の持つ環境的な問題と同様の問題が学校という場で起こっているように見える。同様に、大都市圏に限らず全国どこの学校であっても、潜在的・顕在的に同様の課題を抱えていると考えている。

（2）「消費する」立場を中心に活動を作り上げる

　大都市圏に投入されるエネルギーや資源が膨大な量になり、それが地方の形を変えていく様は東日本大震災により顕在化したようにも見える。「消費する側」から環境活動・教育を作り上げようとしている本校は、大都市圏で生活する我々の立場と重なり潜在化・顕在化する今日的な環境問題を洗い出そうとするものである。さらにそれは、個人の消費と捉えるだけではなく、組織が消費するものも捉えようとしている点も特徴的であろう。大都市圏で消費されるエネルギーや資源は必ずしも個人が消費するものの総和ではない。

90

第6章　大都市圏の高等学校で進めてきた環境教育・ESD

組織が自らの組織を維持・管理するために消費するエネルギーや資源が想像以上に大きいと考えられる。報道される温暖化の状況を見ると、すでに「照明」とか「空調の設定温度」という個人レベルの省エネ教育では済まない状況であることは明らかである。活動から始まる環境教育は、その方向性が定まらずどこに進んでいくか分からない怖さもあるが、現状の社会の成り立ちを探る新たな環境教育の形の一つとなりえるのではないかと考えている。

（3）環境変化の「原因側」の活動である

　「消費」を中心に据えることは環境を変化・悪化させている「原因側」の問題を扱うことである。今日、地球温暖化の問題など環境の変化・悪化は人間活動の結果であると示されているが、では「どうすれば良いか」までは示されていない。もちろん、本校の教育がその答えを出しているとは到底思えないが、生徒は原因側の問題と対峙している意識は持っているようである。たとえば「身の周りにある環境問題は何か」と聞けば、「ゴミの問題」と答える高校生は多いだろう。その問題は、しかしゴミを捨てる際の問題ではなく、ものを購入する際の問題であることに気付かねばならない。さらにその奥に隠れる「資源消費」の問題の大きさに気付かねばならないだろう。「消費の形」の持つ問題は想像以上に大きな影響を与えているが、なかなか目に見えない。豊かな物資に囲まれ快適に生活している我々の背景に何があるのかをぜひ生徒に考えてもらいたい。現状の消費の形は持続可能な社会のものではない。

（4）環境活動により生じる課題

　本校がその活動を考え、実施する際に生じる課題は、学校内外のさまざまな制度・慣習・習慣であり仕組みや現行のインフラなどに対峙する際に起こる。もちろん、私達個人の慣習・習慣や意識の問題も大きく影響する。もともと制度や慣習、仕組みなどは（場合によっては個人の習慣や意識も）環境に配慮することを前提に作られたものではない。その課題を顕在化させ取り

91

第2部　学校教育　大都市圏の学校はどう取り組むのか

組んでいく姿勢は、活動から始まる環境教育の特徴であると考えている。

6　おわりに

　ISOの取得に伴い始まった環境活動・教育は少しずつ学校組織の中に定着しつつある。しかし、同時に定着したことによる弊害も起こっているように見える。ゴミ等の分別や、照明や空調の調節がいつの間にか「しつけ」や「訓練」のように捉えられている様子が見える。またISO委員会の様々な活動が、委員会の「仕事」になってしまった様子も見える。企業等のISOによる活動であれば、それは成果と考えられるだろうが、教育機関においては問題であろう。しつけや訓練が「教育」と同等なものではないからである。「活動」を「教育」に昇華する取り組みは、活動の中から生じる疑問や、発見、ある意味では課題や摩擦を常に求める姿勢が必要なようである。

　実は、この文章を書いている最中に「原油価格が下がったために現行の方法によるリサイクルを中止したい」と業者から連絡があり、その対策を検討している。このままでは継続してきた9分別の形が変わってしまう危機である。しかし、本校にとっての最良の方法が常に社会の中で通用するわけではない。分別の方法を守るか、社会の流れに従うか検討する必要に迫られている。さらに、その事実をどのように生徒に伝え、生徒と考えていくかも検討しなくてはならないようである。

第7章　科学教育の観点から見た
大都市圏の環境教育・ESD
―科学技術との付き合い方を考える討論活動の必要性―

福井　智紀

1　はじめに

　本章では、大都市圏における環境教育・ESDについて、とくに科学教育・理科教育の観点から、考察を行う。

　環境問題には、様々な形で、科学技術が大きく関わっている。「環境技術」という語がよく知られているように、環境への負荷の少ない技術開発は、環境問題の解決や低減の観点から、大きな期待が寄せられている。資源の乏しい日本において、科学技術創造立国のひとつの柱としても、環境技術は重視されている。この点から見れば、これからの日本や世界は、科学技術の研究・開発にますます力を入れていくべきであり、その結果、地球や地域の環境はよりよいものになっていくだろう、という明るい未来像が描ける。実際に、環境技術に力を入れている企業の広告等には、そうしたイメージを彷彿とさせるものが少なくない。多くの若者が未来に不安を抱いている時代に、このような希望を抱かせる視点も必要ではある。しかし、科学技術のもうひとつの側面も、見逃すべきではない。それは、科学技術のリスクである。時として、科学技術は、環境問題の原因にもなりうる。現代の科学技術が存在しなかった時代には見られなかった環境問題が、20世紀に次々と顕在化したという事実を見ても、そのことは明白である。例えば、オゾン層を破壊したフロンなどの化学物質や、生体内の正常な反応に影響を及ぼす環境ホルモン（内分泌攪乱物質）などでは、科学技術の進展によって環境中に放出された物質が、深刻な環境問題の原因となっている。もちろん、ことさらに科学技術を批判したいわけではない。例えば、医療技術の進歩は、人類に多くの救いを

93

第2部　学校教育　大都市圏の学校はどう取り組むのか

もたらしてきた。新しい医薬品は、かつては治療困難とされてきた多くの患者の命を救っている。しかし、医薬品の使用において副作用などのリスクが避けられないように、科学技術の多くには、あらかじめ予想されるリスクに加えて、想定外のリスクが伴うことを忘れてはならない（例えば、有用とされてきた物質について後に発がん性が指摘されることがある）。また、利用の規模が大きくなることによって、小さなリスクが積算され巨大化されるケースもあるだろう（例えば、個々人の少量の環境への放出が人口密度によっては水質悪化や排気ガス汚染などを引き起こす）。第1章で述べたように、本書の構想の発端には3.11とそれに伴う福島原発事故があるが、原子力発電はそうした科学技術の光と影を象徴する存在であろう。

　つまり、科学技術は、持続可能な社会を実現していくためのカギとなる存在であり、持続可能性を妨げる要因にもなりうるし、問題を解決・回避することで持続可能性を実現するための切り札ともなりうる。科学技術は、両面性を有した存在なのである。

2　科学技術と環境教育・ESD

　以上を踏まえると、環境教育・ESDにとっても、「科学技術」は重要なテーマとなる。地域として、国家として、あるいは人類全体として、どのような科学技術を積極的に研究・開発していくべきか。逆に、どのような科学技術の研究・開発を、慎重に抑制していくべきか。科学技術がどの方向に向かうかは、持続可能な社会を目指すうえで、避けて通れない選択課題なのである。しかも、現代の高度な科学技術の多くは、軍事技術との峻別が不可能な、軍民両用技術であることも忘れてはならない（鈴木 2007）。

　まず、個々の科学技術について、どれを規制したり促進したりすべきなのか。これには、消費者としての個人の行動から、自治体や国家の科学技術政策のレベルまで、多様なレベルや論点が存在する。個々人の小さな選択の累積も、結果として科学技術政策に影響を与えうるし、企業の研究・開発の方

94

向性を左右もする。例えば、遺伝子組換え作物の栽培や、食品への放射線照射による殺菌など、ヒトやその他の生物のDNAに影響を及ぼす恐れのある科学技術に対して、日本では米国と比べると、非常に慎重な政策が採られている。この方針の是非は別として、少なくともこうした状況では国内の研究・開発には一定の抑制がかかるし、海外の積極的な国や企業による研究・開発に対して遅れを取る懸念がある。

　また、もっとも大きなレベルでは、科学技術は人類にとってどうあるべきかということも、国際的な協調や、先進国と発展途上国間の経済格差を視野に入れながら、考えていく必要がある。一番わかりやすい例は、核技術であろう。核兵器は一部の国家が独占的に保持してきた一方で、近年では核技術の拡散が深刻な国際問題となっている。「平和的」な核技術とされる原子力発電についても、日本をはじめとする先進国が積極的に発展途上国に売り込んでいることで、世界に広がっていくことが予想されている。中国では、多数の原子力発電所が建設中である。近い将来、世界中に多数の原子力発電所が稼働する時代が、間違いなく到来しようとしている。

　このような時代に、軍民両用技術を含む様々な科学技術について、将来の国内外の社会を見据えて、取捨選択していくという視点が必要となっている。このとき、こうした課題に関わる政策策定や個々の判断を、一部の専門家や担当官僚にすべて委ねてしまってよいのであろうか。少なくとも、何について、誰が加わって、どのように決めていくのかというところから、科学技術に関して社会が直面している課題を検討しなおしていく必要があるだろう。そして、環境教育・ESDの研究・実践も、自然や環境に関わる教育研究・実践であるという専門領域の立場から、この課題に対して関わっていくべきだと考える。

3　中学校理科教科書の状況

　それでは、環境教育・ESDにおいて、特に学校教育では、どのような研究・

第2部　学校教育　大都市圏の学校はどう取り組むのか

実践が必要となっていくのだろうか。

　これまでにも、前節のような問題意識を念頭に、理科教育の分野ではSTS教育（科学・技術・社会の相互作用に焦点を当てる教育）の試みがなされてきた。しかし、現実は、決して学校教育に十分に根付いているとは、言えない状況である。その他の教科や「総合的な学習の時間」も含めて、これまでに多種多様な環境教育・ESDの研究・実践が試みられ、一定の蓄積がなされていると思われる。にもかかわらず、科学技術と社会との関係を真正面からとらえ、その将来のあり方を学習者主体で検討していく教育・学習活動は、いまだ質・量ともに不十分であると考える。

　とは言え、こうした学習活動の必要性は、徐々に広く認識されるようになってきているのではないだろうか。例えば、現行（平成20年版）の中学校学習指導では、理科の第１分野の大項目（7）「科学技術と人間」において、「エネルギー資源の利用や科学技術の発展と人間生活とのかかわりについて認識を深め、自然環境の保全と科学技術の利用の在り方について科学的に考察し判断する態度を養う」と記されている（文部科学省 2008a：62）。学習指導要領解説ではさらに踏み込み、「指導に当たっては、設定したテーマに関する科学技術の利用の長所や短所を整理させ、同時には成立しにくい事柄について科学的な根拠に基づいて意思決定を行わせるような場面を意識的につくることが大切である」として、意思決定の場面の設定が明記されたうえで、科学技術のリスク・トレードオフの観点にまで言及されている（文部科学省 2008b：57）。

　こうした状況を、筆者は大きな進歩であると捉えている。実際の理科教科書にも、こうした学習指導要領や同解説を反映したと思われる記述が散見されるようになった。そこで、中学校理科の教科書を出版している５社の教科書から、関連する部分をいくつか取り上げる[1]。

　まず、A社の中学校理科教科書には、上記に関連する単元における「考えてみよう」という小見出しのもとで、「照明技術の進歩はくらしを豊かにしてきたが、それと同時に環境にどのような影響を与えてきただろうか」や、「人

第7章　科学教育の観点から見た大都市圏の環境教育・ESD

間の活動は環境にどのような影響を与えてきただろうか。それが問題となったのはどのようなことだろうか。その問題はどうすれば解決するのだろうか。身のまわりの問題を選んで、考えてみよう」という記述が見られる。

B社には、「持続可能な社会をつくるためには、今後、どのような科学・技術を発展させていけばよいかを話し合おう」という記述が見られる。

C社にも、「学んだことをつなげよう」という小見出しのもと、「貴重な資源やエネルギー、科学技術を次の世代に引きついでいくために、私たちが意識していくべきことは何だろうか」のような課題の設定が見られる。

これらには、学習内容を踏まえて、自分自身で考えさせようという姿勢が見られる。また、その後に示されている「研究テーマ例」などの中には、課題を設定したうえで調査を行い、自分たちにできることや今後の利用法などを考察する活動が、例示されているものがある。

さらに、C社の単元の末尾部分には、本文中で、これまでの理科における学びについて、「この学びは、ここで終わりではない。私たちは学んできたことを活かし、持続可能な社会をつくる役割をになっていかなければならない。科学技術の利用のあり方をとらえ直し、人はどのように自然とかかわっていくべきかを考え、主体的に判断し、行動することが求められている」という記述が見られる。

D社には、最終章に「これからのくらしを考えよう」というセクションが4ページ設置されていて、解説に加えて、「身の回りの環境を調べ、持続可能性な社会にする方法をみんなで考えよう」という活動テーマ例が、1ページ分掲載されている。

E社には、「話し合ってみよう」という課題の設定が記載されているうえ、特に次のような部分が注目される。再生可能エネルギーに触れたうえで、「それらの利用にも長所や短所がある。それぞれの長所や短所を知ったうえで、適切な利用をしていかねばならない」として、科学技術の長所と短所について、直接の言及がなされているのである。さらに、この文の横の囲み記事には、「日常生活や社会でどちらにするか判断をせまられる問題には、どちら

97

第2部　学校教育　大都市圏の学校はどう取り組むのか

を選択しても、長所と短所があることがたくさんある。意思決定をするときには、それぞれの選択肢の長所と短所を調べ、どちらにすべきかを自分自身で考える必要がある。／状況が変われば判断も変わる可能性がある。「絶対これ」と決めつけるのではなく、ちがう考えの人の意見にも耳を傾けることが大切である」と、学習指導要領解説の記載内容に近い趣旨の文言を直接見出すことができる。

　以上のように、各社ともに、科学技術と社会や自分自身との関係に注意を促すような記述や学習活動を、ある程度の量は見出すことができる。これは、大きな進歩であると考える。しかし、科学技術の利用について、個人として明確に意思決定をさせるという観点や、そのための具体的な学習活動の設定については、教科書の記載を見る限りはやや弱いように思われる。そのため、教師の実際の指導によって、大きな違いが生じることが予想される。さらに、集団としてどうすべきであるかという「合意形成」の観点は、ほとんど見られない。そのため、科学技術と社会との関係性について、具体的な展望を描いた議論や意思決定・合意形成までには、まだ十分につなげられていない。したがって、教師の適切な指導や補足がなされない限り、生徒の議論や結論が理想論的・評論家的なものになってしまう恐れがある。

4　ガバナンスの視点の重要性

　科学教育・理科教育における取り扱いについて、より充実したものにするためには、具体的なテーマを設定して、明確な活動手順を踏まえたうえで、意思決定や合意形成にまで進むという、学習指導の手順についての綿密な設計が必要である。このとき、環境ガバナンスや科学技術ガバナンスという観点が大いに示唆を与える。

　ガバナンス（governance）とは、基本的な語義としては「統治・統制すること。また、その能力」（広辞苑第6版）であるが、公式的な政府制度であり政府内の上下間ヒエラルキーを基礎とする「ガバメント」と異なり、様々

第7章　科学教育の観点から見た大都市圏の環境教育・ESD

な社会の団体や企業等との水平的関係や、政府間関係を含む組織を念頭においている（城山 2007）。したがって、科学技術ガバナンスとは、多様なアクターが水平的関係で参加する中で、科学技術に関わる政策策定や意思決定を行うことを意味している。同様に、環境ガバナンスとは、多様なアクターが水平的関係で参加する中で、環境に関わる政策策定や意思決定を行うことを意味している。松下・大野（2007：4）は、環境ガバナンスを、「上（政府）からの統治と下（市民社会）からの自治を統合し、持続可能な社会の構築に向け、関係する主体がその多様性と多元性を生かしながら積極的に関与し、問題解決を図るプロセス」と定義している。

　科学技術や環境に関して、このようなガバナンス論が提示されるようになった背景には、既存の政策策定や意思決定のシステムに対して、そこから取り残された人々の不信感や疎外感がある。例えば、欧州において科学技術ガバナンスの重要性が強調されるようになった契機のひとつに、BSE事件がある。一部の専門家や官僚による判断（この場合には牛肉の安全性について）が結果として誤っていた（病原性の牛肉を食べることによるヒト感染の発生）ことで、科学者を含む専門家や官僚と、トップダウン型の政策策定に対して、不満が広がったのである（小林 2007、平川 2011）。端的に言えば、既存のシステムが現状や予想される課題に対してうまく機能していないという危機意識や、利害関係者を含む多様な人々の意思や感情を汲み上げていないという失望感が、ガバナンス論の背景にはある。

　このような状況のもとで、環境ガバナンスや科学技術ガバナンスの必要性が強調され、そのための具体的なしくみが開発されるようになってきている。欧州で開発され、日本にも紹介されるようになった「市民参加型テクノロジー・アセスメント（Participatory Technology Assessment）」も、そうしたもののひとつである。しかも、様々な課題を市民参加のもとで論じるために、シナリオ・ワークショップ、コンセンサス会議、市民陪審、フューチャーサーチなど、多様な手法が開発され、実際に試行されているのである（藤垣 2008）。こうした状況は日本にも影響を与えており、コンセンサス会議のよ

99

第2部　学校教育　大都市圏の学校はどう取り組むのか

うに、試験的に開催されたものもある（小林 2004）。このように、科学技術ガバナンスを現実に機能させるための取り組みや研究は、国内外で始まっている。また、科学技術や環境に関わる政策策定や意思決定に、専門家ではない人々が間接的に影響を及ぼす可能性があることは、すでに触れたとおりである（科学技術に対する市民の影響力については、本シリーズの既刊である福井（2009）で整理している）。

5　ガバナンス能力を育てるには

　さて、上述してきたような科学技術ガバナンスや環境ガバナンスが標榜される時代に、それぞれのアクターの準備はできているのだろうか。特に、専門家ではない一般の市民たちはどうだろうか。残念ながら現実には、対応する能力の育成が、十分になされていないと思われる。なお、司法の世界では、ある意味で一足早く、「裁判員裁判」という形での市民参加がスタートしている。しかし、肝心の市民の7割以上が、裁判員になりたくないと感じているというデータがある。また、裁判員を務めるための準備としての教育も、学校教育では十分に行われていない[2]。

　市民参加型テクノロジー・アセスメントは、まだ裁判員裁判のようには、制度として明確に位置付けられていない。しかし、筆者による調査では、対象が限定的ではあるものの、市民参加型テクノロジー・アセスメントの各手法の導入に対して市民は好意的であった（福井 2011）。したがって、科学技術ガバナンスや環境ガバナンスに対応できる資質や能力、すなわち、「科学技術ガバナンス能力」や「環境ガバナンス能力」の育成が、今後は急務であると考える。また逆説的には、このような資質・能力をもつ市民が一定程度は社会に存在しないと、市民参加型テクノロジー・アセスメントのような具体的な手法を、実施段階に移すことには懸念がもたれるであろう。

　では、「科学技術ガバナンス能力」や「環境ガバナンス能力」の育成は、誰が、どこで、担うべきであろうか。少なくともその一翼は、環境教育・

ESDが担う責任があるだろう。環境教育・ESDは持続可能な社会を目指しており、冒頭で述べたように、科学技術は持続可能な社会を実現していくためのカギとなる存在である。また、学校教育は、「総合的な学習の時間」が導入されたとはいえ、既存の教科の枠組みにとらわれがちである。各教科は、教科固有の歴史と存在理由を有しているので、新たな学習内容や方法が認知されていくのは、簡単ではない。例えば筆者らが、後述のような市民参加型手法を教材化したものを理科教育関連の学会で報告すると、理科で行う理由や既存の教科との整合性を問われることがある。しかし、既存教科よりも俯瞰した視点を持ちうる環境教育・ESDの観点を強調すれば、受け入れに伴う抵抗感は小さく、持続可能な社会の実現に資する取り組みとして、理解を得やすいのではないだろうか。

　それでは、「科学技術ガバナンス能力」や「環境ガバナンス能力」とは、具体的には何を指すのであろうか。この点について、筆者らはここ数年間にわたって検討してきたが、まだ明確な回答を見いだせずにいる。一方で、そうした能力は、むしろOJT（on-the-job training）のような形であれば、育成が可能ではないかと考え、具体的な教材開発を進めてきた。教材開発においては、先に述べた市民参加型の手法を検討し、その主要なプロセスを教育用にアレンジして、児童・生徒・学生に体験させようとしているところが特色である。なお、市民参加型手法に着目し、日本国内の学校教育現場において教材開発と試行実践を行い、その結果を学会誌に報告までしている事例は、管見の限り、内田・福井（2012）が最初である。以後、筆者、内田、研究協力者たちは、いくつかの教材開発に取り組んできた。これらによる学習体験によって養われる資質・能力は、ガバナンス能力の少なくとも一部となるのではないかと期待している。

6　科学技術との付き合い方を考える討論活動

　内田・福井（2012）では、当時話題となった臓器移植法案を取り上げ、「シ

第 2 部　学校教育　大都市圏の学校はどう取り組むのか

ナリオワークショップ」の形式で、生徒に討論をさせている。また、内田（2015）
は近年にも、未来のエネルギー選択について、同じシナリオワークショップ
の形式で、生徒に討論をさせる教材を開発している。また、論文ではなく学
会年次大会での口頭発表であるが、内田（2009）は、「コンセンサス会議」
の形式で、女子高校の生徒に生殖補助医療について討論させた実践を報告し
ている（管見の限り、国内で最初の教育研究・実践報告であると思われる）。

　市民参加型手法は、この他にも様々な手法がある。筆者らは、「市民陪審」
の形式で、被験者に人口甘味料の利用について討論させる実践を行った（福
井ほか 2011）。市民陪審については、日本国内では原則禁止されている食品
照射と呼ばれる放射線を用いた殺菌技術について、討論させる教材も開発し
た（福井ほか 2012）。また、特定の市民参加型手法は採用していないが、遺
伝子組換え食品に関する意思決定と合意形成を目的とした中学校理科教材も
開発した（福井・岩本 2016）。この他にも、学会等に未報告のものも含めて、
いくつかの教材を開発してきた。このような討論活動によって、科学技術と
の付き合い方についての意思決定や合意形成にチャレンジさせることは、ガ
バナンス能力の育成のために有望であると考えている。

　以上の教材開発における先行研究や、筆者ら自身による開発の経験から、
いくつかの暫定的な私見を述べたい。まず、教材の形で意思決定や合意形成
の機会を設定することは、やはり必要なことであると考える。こうした活動
に、生徒たち（学生を含む）は慣れていない。教材やプログラムの進行によ
って、積極的な生徒が率先する形で活動が進行することもあるが、議論がか
み合わなかったり、時間切れで十分な意思決定や合意形成に至らなかったり
する場合も多い。このことは、他者の考えを考慮しながら、自分自身で考え、
判断するという学習経験の、絶対量が不足していることを示唆している。

　次に、単発のこのような教材もまだ必要ではあるが、今後は、より長期的
な学習活動の設定を試みる必要がある。単発の教材では、もともと有してい
た知識（悪くすると先入観）や、討論前に提示したわずかな情報のみを手が
かりに、話し合いが進行してしまう。しかし、討論が進んでいくと、そこで

102

第7章　科学教育の観点から見た大都市圏の環境教育・ESD

初めて必要な情報が明らかになったり、いくつかの論点を整理する必要が生じたりすることも少なくない。したがって、長期的な学習活動を計画し、生徒が主体となった調査と報告を情報源としながら、複数回の討論が進んでいくような形式の方が理想的である。またそれは、数か月を要するとされる、実際の市民参加型手法にも近い形態である。

　さらに、「合意形成」について、正面から検討しなおす必要がある。これまでは、ある程度の科学的な知識を持っていれば、それに基づいて賢明な意思決定ができる（はずである）と、短絡的な期待がなされてきた面がある。あるいは、そうならないと気づいていたとしても、そこまでは手が回らないとして放置されてきたのかもしれない。しかし、鶴岡ら（2008）は、純粋な自然科学の知識があっても、それだけでは科学技術と社会の問題に対する意思決定の基礎としては、不十分であることを指摘している。筆者らの教材開発では、仮に個人としての意思決定まではできても、集団としての合意形成にまで至るにはさらに大きな困難があることが、あらためて明白になっている。意思決定だけではなく合意形成まで視野に入れた教材開発は、まだあまりないため、この点での研究がさらに必要であると考える。

　また、授業の中で行う討論は、どうしても「模擬」に過ぎないという問題点もある。つまり、自分の人生に関わるというリアリティを実感させたり、実際の社会や環境の改善につながるという効力感を持たせたりすることが、どうしても難しい。可能であれば、身近な実際の課題について、現実の解決策の検討や、行政への提言なども行えればよいのだが、科学技術の問題については、それも簡単ではないだろう。そこで、討論をさせるだけでなく、自分たちの「約束」「ローカル・ルール」のようなものを、つくってみてはどうかと考えている。あるクラスで実施する場合、一定期間、ルールとしてそれを守ろう、ということである。例えば、「遺伝子組換え食品」の問題について討論し、一定の合意形成を得たうえで、1か月間は遺伝子組換え食品の表示を意識して、なるべく買わないようにする（あるいは積極的に購入する）。このように、討論を、実際の行動やルール化につなげるのである。もちろん、

103

第2部　学校教育　大都市圏の学校はどう取り組むのか

実現にあたって配慮すべき点はあろうが、科学技術についての意思決定や合意形成が、たとえローカルな場面であっても実効力をもつという経験が、必要なのではないかと考えている。

　この他にも経験則として、「教師と児童・生徒が対等の関係で参加し、教師の考えを押し付けないこと」、とは言え「教師自身も評論家的に振舞わず、考えを積極的に披瀝してよいこと」、「評論家的な議論にならないよう切実なテーマ設定や利害関係者の生の声を導入すること」、「安易な『自己決定論』にならないよう、政策レベルの観点をもたせること」などが大切だと考えている。

　以上の妥当性や重要性については、今後の教材開発や研究の過程で、さらに検討していきたい。

7　大都市圏における環境教育・ESDの充実に向けて

　ここまでの考察は、極論すれば、大都市圏に限った話ではない。しかし、大都市圏は、エネルギーや物質の大消費地である。そもそものスケールが大きいので、そこに住む人々の与える潜在的な影響や責任は非常に大きい。同様に、企業の商品開発などにおける経営判断に与える影響も、人口が多く流行に敏感な人々も多い都市部では、とりわけ大きい。さらに、大都市では、高度に発達した情報化システムや、複雑な交通システム、最新の科学技術製品に、日常的に囲まれている。複雑に入り組んだ駅の地下街に並ぶ、高価な液晶パネル広告は、多数の人々の目に触れるからこそ投入されているものである。高層タワービルなどの高度な建築技術の開発も、大都市圏やその近郊の高い住宅・商業ニーズを背景にしている。したがって、大都市圏の人々の科学技術に関わる選択は、持続可能な社会をどのように目指すかという点で、決定的な意味を持つ可能性がある。

　これらを踏まえると、大都市圏で生きていくことになる児童・生徒・学生に対しては、先に紹介したような教材の学習経験は、大きな意味をもつはず

である。これに加えて今後は、大都市に暮らすことのメリット、デメリットや、そこに生きることにともなう具体的な責任などについても、明示的に考えさせるようなテーマ設定や活動が必要ではないかと考えている。

8　おわりに

　本章では、大都市圏における環境教育・ESDについて、特に科学教育・理科教育の観点から、考察を行ってきた。その上で、科学技術とは持続可能な社会を実現していくためのカギとなる存在であることを改めて指摘し、その在り方や方向性を、科学技術ガバナンスや環境ガバナンスという視点で捉え、専門家や官僚まかせにせずに市民も含む社会のアクター全体で決定していくことの必要性を述べた。そして、そのためには環境教育・ESDも一定の役割を果たす必要があるが、そのための具体的な第一歩として、市民参加型手法を活用した討論などを含む教材開発の事例を紹介した。現在は、教材開発をさらに進めるとともに、このような教材を通して科学技術ガバナンスや環境ガバナンスのための資質・能力を育成していくことができるような、教員養成・教員研修の研究・実践についても取り組んでいる。これらについては、いずれ稿を改めて報告したい。

　謝辞
　本稿には、JSPS科研費JP16K01038、JP25350268、JP21700793の助成を受けた研究成果を含んでいます。

注
（1）教科書については出典を省略するが、出版社は、学校図書、教育出版、啓林館、
　　大日本図書、東京書籍、である（引用順ではない）。
（2）読売新聞（東京都版）「裁判員制「授業なし」6割」2017年5月24日27面。

引用参考文献
藤垣裕子「市民参加と科学コミュニケーション」（藤垣裕子・廣野喜幸編『科学コ

第2部　学校教育　大都市圏の学校はどう取り組むのか

　ミュニケーション論』東京大学出版会、2008年）239〜255ページ

福井智紀「これからの科学技術政策と環境教育の役割」（降旗信一・高橋正弘編著『現代環境教育入門』筑波書房、2009年）135〜151ページ

福井智紀「相模原市民を対象とした市民参加型テクノロジー・アセスメントに関する意識調査」（『麻布大学雑誌』、2011年）37〜48ページ

福井智紀・石﨑直人・後藤純雄「市民参加型テクノロジー・アセスメントの手法を導入した科学教育プログラムの開発」（『日本科学教育学会研究会研究報告』25巻3号、2011年）71〜76ページ

福井智紀・岩本大樹「遺伝子組換え食品に関する意思決定と合意形成を取り入れた中学校理科教材の開発」（『日本科学教育学会研究会研究報告』30巻5号、2016年）19〜24ページ

福井智紀・茂木優樹・内田隆「市民参加型テクノロジー・アセスメントの手法を導入した理科教材の開発」（『日本理科教育学会全国大会要項』62号、2012年）376ページ

平川秀幸「リスクガバナンスの考え方」（平川秀幸ほか編『リスクコミュニケーション論』大阪大学出版会、2011年）1〜57ページ

小林傳司『誰が科学技術について考えるのか』（名古屋大学出版会、2004年）

小林傳司「BSEの経験」（小林信一ほか編『社会技術概論』放送大学教育振興会、2007年）23〜39ページ

松下和夫・大野智彦「環境ガバナンス論の新展開」（松下和夫編『環境ガバナンス論』京都大学学術出版会、2007年）3〜31ページ

文部科学省『学習指導要領』（東山書房、2008年a）

文部科学省『学習指導要領解説　理科編』（大日本図書、2008年b）

城山英明「科学技術ガバナンスの機能と組織」（城山英明編『科学技術ガバナンス』東信堂、2007年）39〜72ページ

鈴木達治郎「安全保障ガバナンス：技術の軍事転用をどう防ぐか」（城山英明編『科学技術ガバナンス』東信堂、2007年）107〜143ページ

鶴岡義彦・小菅諭・福井智紀「純粋自然科学の知識があればSTSリテラシーもあると言えるか」（『千葉大学教育学部研究紀要』56巻、2008年）185〜194ページ

内田隆「コンセンサス会議を利用した理科教育の実践」（『日本理科教育学会全国大会要項』59号、2009年）、190ページ

内田隆「未来のエネルギー政策を題材としたシナリオワークショップ」（『理科教育学研究』55巻4号、2015年）、425〜436ページ

内田隆・福井智紀「参加型テクノロジーアセスメントの手法を利用した理科教材の開発」（『理科教育学研究』53巻2号、2012年）、229〜239ページ

第8章　これからの学校はどうあるべきか？
―都市生態系の中での学校教育を問い直す―

小玉　敏也

1　はじめに

　2018年は、各学校が新しい学習指導要領に対応した教育課程編成の準備を始める年である。10年に1度改訂される学習指導要領は、未来の人づくりに直結するために、学校だけでなく社会全体に大きな影響を及ぼすことは言うまでもない。

　新しい学習指導要領のポイントはいくつかあるが、本章の問題意識に即して言えば、1）「よりよい学校教育を通じてよりよい社会を創る」という目標を学校と社会が共有し、連携・協働しながら、新しい時代に求められる資質・能力を子どもたちに育む「社会に開かれた教育課程」を実現する、2）持続可能な開発のための教育（ESD）等の考え方を踏まえつつ、「生きる力」を3つの資質・能力（「知識・技能の習得」「思考力・判断力・表現力等の育成」「学びに向かう力・人間性の涵養」）に沿って具体化する、3）学校教育が、どのような資質・能力の育成を目指しているのかを、教育課程を通じて家庭・地域と共有し、「社会に開かれた教育課程」の理念のもと、学校と家庭・地域の連携・協働を活性化していく、という3点にまとめられる[1]。

　これまで、学校における環境教育は、地域との連携・協働を重視し、地域の環境保全・改善活動に参加し行動する子どもを育成しようとしてきた。したがって、今後の学習指導要領の方向性を踏まえれば、これまで以上にESDの考え方が重視され、学校が地域・社会に開かれていくはずである。しかし、前述のポイントが示されたからといって、今後の学校教育がよりよい人づくりに邁進できるかというと、ことはそれほど単純ではない。なぜなら、これ

第2部　学校教育　大都市圏の学校はどう取り組むのか

らは従来の学校観・地域観に基づいて論じられたものであり、その前提となる「観」が変わっていなければ、学校の役割や地域との連携・協働の質も変わらないと考えるからである。

　その「観」を考え直す視点は、数多くあるだろう。本章では、その1つとして〈都市生態系の中の学校〉という考え方を示し、大都市圏における環境教育・ESD実践の新たなビジョンを提案したい。

2　〈都市生態系の中の学校〉とは何か

　「都市生態系」とは、生物を中心に、都市におけるその生息地（樹林地）、それらと影響し合う物理的環境（地形など）、人間社会（家庭など）、建造物（住宅など）からなるひとまとまりのシステムをいう（土屋ら 2013：180）。具体的には、動物・植物などの生物界と、その生息基盤となる地形・地質、それらが織りなす生態系や景観、人と自然とのふれあいのための活動の場を含むと考えてよいだろう。〈都市生態系の中の学校〉という考え方は、このような人間以外の視点から学校をとらえ直すためのひとつの手がかりとなるものである。具体的には、人間の視点で学校をとらえる前提からいったん離れて、生物・地形・景観などの人間以外の視点から学校をとらえ直し、地域との連携・協働のあり方も考え直してみよう、ということである。

　では、そもそも「学校」とは、どのような存在で、どのように論じられてきたのか。まず、それは憲法と教育基本法等の法体系に位置づけられた機関であることは言うまでもない。学校教育法第1条では、その種別（小学校・中学校・高等学校等）を説明することによって「学校」を定義し、教育基本法第13条では、学校と家庭及び地域住民などが、相互の責任と役割を自覚しつつ連携と協力に努めることを規定している。

　一方、その学校と地域の関係は、どのように論じられてきたのか。両者の関係は、20世紀初頭に近代教育制度が整備されて以来、常にその重要性が主張されてきた。たとえばそれは、「地域に開く学校」「地域に根ざした学校」

第8章　これからの学校はどうあるべきか？

などのキーワードによって、その時代その時代に繰り返し議論されてきたものである。とりわけ各学校は、1990年代以降に地域社会と連携する教育活動（生活科、総合的な学習の時間など）を導入し、全国各地に多様な取り組みを生み出してきたが、現在では、「学力向上」政策の進展、教員の労働条件の悪化、授業時間数の増加、地域の衰退などによって、地域と積極的に連携する教育活動を進めることが大きな労力をともなう状況に陥っている。このような現状の中で、コミュニティ・スクールやユネスコ・スクールなど、再び学校と地域の連携・協働を強めていく実践は広がっているが、それは学校教育の可能性だけでなく課題も突きつけているように見える。

　このような実態を踏まえて、〈都市生態系の中の学校〉という考え方が、どのような変化をうながすのだろうか。以下、3つの視点を示したい。

　1）「学校をよくするために地域がある」という学校中心の考え方から、「地域をよくするための一拠点として学校がある」という考え方に転換する。

　2）「学校は、法的・社会的存在である」という考え方から離れて、「学校は地域の生態系の中に存在する」という考え方に転換する。

　3）人間中心の教育活動を批判的に継承しつつ、非人間の存在（野生の動植物・地形・景観など）の視点を入れた教育活動に取り組む。

　次節では、これらの視点が、学校と地域のとらえ直しにどのように生かせるのか考えてみる。

3　「鳥の眼」と「虫の眼」から学校を見る

　〈都市生態系の中の学校〉という考え方は、まず鳥の眼になって学校周辺の地域を俯瞰してみると理解しやすい。航空写真はなくとも、手持ちの地図を見ながら想像するだけで十分である。その俯瞰図には、学校の施設だけでなく、近くを流れる川、隣接する緑地や公園、商店街や高層ビルの集まりなどが見えてくる。大都市圏郊外であれば、広大な丘陵・森林地帯を開発した土地や、湾岸部や沼沢地を埋め立てた土地に学校が建っている様子を見て取

第2部　学校教育　大都市圏の学校はどう取り組むのか

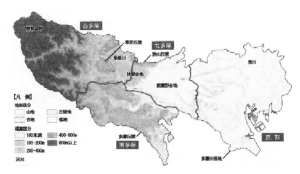

図8-1　東京の地形・地域区分図

ることができるだろう。ここで肝心なのは、この鳥瞰図をその地域に蓄積してきた歴史や文化、産業などと重ね合わせて重層的に理解することである。次に、そこに生息する野生の動植物の眼から見た場合、その地域がどのように映っているのかを想像してみることである。人間の視線を地面（水面）すれすれに下げた時に、地表にうごめく多様な名もない生物と遭遇したり、道路脇の側溝が這い上がれない断崖に見えたり、花壇の草花が巨大なジャングルに見えたりするはずである。つまり、空を羽ばたく鳥の眼から地域を見渡し、地面をはいずり回る虫の眼から地域を見上げた時に、私たち人間が理解する地域とかなり違う映像が見えてくるのではないだろうか。

図8-1は、鳥の眼から見た東京都の地形・地域区分図（島嶼部を除く）である。人口約1千万人が生活し、高層ビルや住宅が密集するこの大都市も、人間（活動）という要因を消去すれば、このような相貌を見せる。東京都とは、関東山地を源流とする多摩川が東京湾に向けて流れ、沖積平野を形成しているのが基本的な成り立ちである。また、多摩川は富士山の火山灰が堆積した関東ローム層を削り取り、丘陵地帯や河岸段丘などの多様な地形を生み出し、そこから注ぎ込む多くの河川から流れを集めて多摩川本流が形成されていることも容易に理解できる。一方、虫の眼から東京都を見ると、西部は生物多様性に富む高尾山の山稜とそれに続く丘陵地帯があり良好な自然に恵まれているが、東部の都心では樹林地の大半が姿を消し皇居、明治神宮、自

第8章 これからの学校はどうあるべきか？

然教育園など少数の自然が残るだけである。こうした樹林地の分断は、多くの生物の移動を妨げ、遺伝子交流の範囲を狭め、温暖化や乾燥化などの環境変化に適応した子孫を出現しにくくすることが危惧されるという（公益財団法人三菱UFJ環境財団 2015：2-3）。

　読者の学校が東京都にあるのなら、それはこの都市生態系の中のどこかに位置し、その地域にはその地域なりの自然環境の様相が見えていたり隠れていたりするに違いない。その地域の地図に、たとえば江戸時代や昭和初期の古地図を重ね合わせると、今度は地域の自然環境の変化や人間による開発の歴史がわかり、自身の学校がどのような地域に立地しているのかはっきりと理解できるはずである。

　このような当たり前のことをなぜ書くのか。それは、これまでの地域観が、人間中心の教育政策を前提として議論されてきたからだ。たとえば、2000年代初期の「地域に開く学校」論は、学校区の中にあるPTA、学校評議員会等の組織体を所与の条件として展開されてきたはずである。これは、学校が法的・社会的存在である限り当然のことであり、今後もその議論は継承されるべきだが、なぜ地域を行政単位でとらえなければならないのだろうか。それを自然環境を中心にとらえ直すと、たとえば多摩川の流域にある地域、明治神宮に生息する野生生物が移動する範囲の地域、島嶼部からの渡り鳥でつながる地域というように、都道府県の境界線を超えて範囲が一挙に拡大するだけでなく、境界線そのものの意味が希薄になる。また、多摩丘陵に生息する希少生物を保護する地域、都心にある学校ビオトープでネットワーク化された地域というように活動によってつながるとすれば、それは地域を地理的範囲としてではなく社会的機能としてとらえ直す契機ともなる。さらに、放射能汚染によって自然がダメージを受けた地域、大規模な地震に脆弱な地層を持つ地域など、深刻な課題を抱えた地域同士がつながることも想定することができる。

　従来の行政単位で論じられてきた地域観からいったん離れて、自然環境の中の流域、地形、生物、活動、社会的機能などによって生まれる地域観があ

111

第2部　学校教育　大都市圏の学校はどう取り組むのか

ると、発想を変えてみてはどうだろうか。そうすると、学校そのものの役割、学校と地域の連携の内容も、ずいぶんと様変わりするものと考える。次の節では、このような考え方を先取りした教育活動の事例を紹介しよう。

4　都市生態系の中で展開する教育活動

（1）原宿表参道『森の恵み・森の風』プロジェクト

　これは、NPO法人アサザ基金が、2008年から都心で実施した環境教育プロジェクトの名称である。

　そもそも原宿表参道は、若者が集まるファッションの街、クリスマスのイルミネーションが美しい街路樹が並ぶ通りとしてイメージするのが普通であろう。しかし、このプロジェクトでは、原宿表参道一帯の地域を、古地図をもとに明治神宮の森を表参道に連続する谷津田と渋谷川の水源地であることを突きとめ、欅並木を神宮の森から都市空間に伸びた生物が移動できる緑の回廊として読み替えた。またその地形から、竹下通りを神宮の森から涼風が流れ込みやすい場所としてもとらえ直している[2]。このような考え方をもとに実施したのが、『森の恵み・森の風』プロジェクトである。

　では、具体的にどのような活動を実施したのか。はじめの活動は、2009年8月に実施した風船ウオーク「まち歩き、風歩き、いきもの歩き」というイベントである。これは、地元の商店街や昆虫の専門家の支援を受けて、約80名の参加者が風船を持って森の風を感じながら街を歩き、「生き物の眼」になって地域を見つめ直すという試みである。当日の東郷神社では、都心部では姿を消したと言われていたハグロトンボを発見し、多様な昆虫（バッタ・チョウなど）が生きている姿を目の当たりにできたという[3]。また、同年の10月に行った活動では約10名の子どもたちと表参道の欅並木を歩き、虫取り網でカブトムシやヤモリ、コシアキトンボを見つけ、聴診器で道路の下にある渋谷川の水音を探ったことも報告されている。

　このプロジェクトは、表参道周辺の8つの学校の子どもたちが参加し、気

112

第8章　これからの学校はどうあるべきか？

軽な散歩によって、身近な地域に対する豊かな「気づき」を得ることができた。この時、子どもたちが感じ取ったのは、たくさんの自動車と買い物客が行き交う商店街、青空が高層ビルの形に切り取られた人口の都市ではなく、都心部のわずかな自然を利用しながら野生生物がたくましく生き抜いている地域、森から谷間に吹き寄せる風を感じられる地域だったはずである。あるいは、街の舗道を歩きながら関東平野湾岸部の風景を想像してみるひと時に浸れたのかもしれない。

　指導者（大人）が「鳥の眼」になって都市の生態系を読み直し、子どもが「虫の眼」のように視線を低くして、見えていなかった都市の自然を再発見したわけである。このイベントに関わった大人と子どもは、これまでと違った地域観（原宿観）を持てたのではないだろうか。

（2）鶴見川流域ネットワークにおける環境教育

　次に紹介するのは、東京都と神奈川県で実施されている鶴見川流域ネットワーク（TRネット）による環境教育の事例である。TRネットとは、鶴見川流域で活動する47の市民団体（2014年現在）と行政・教育機関が協働しつつ、川の保全と再生、学習と啓発など、源流から河口までの広範な地域で多様な活動を展開する集合体のことである。これは、行政区の境界を超えた流域単位で環境教育（子ども対象の自然体験、ボランティア体験、学校への環境学習・防災学習支援など）を実施している点に特徴があり、2013年度に対応した小学生は延べ7000人の規模になっているという（岸 2014：7）。

　具体的には、20年継続する流域クリーンアップ作戦、魚類・鳥類の調査学習活動、流域ツーリズム、スタンプラリー、子ども探検隊など、流域内の各地の加盟団体が緩やかに連携しながら年間を通して活動している（同上：6）。また、学習指導要領をもとに、鶴見川流域内の小学校教員と川での活動を切り口とした環境学習プログラムを作成し、総合的な学習の時間や各教科のカリキュラムやモデル授業などを検討してきた実績もある。**図8-2**は、TRネットが、市民に啓発するために作成した「鶴見川流域はバクの形」の資料で

113

あり、個別に流れていると錯覚していたそれぞれの河川が、東京湾に注ぐ鶴見川という河川につながっていることを住民に理解させるのに効果的なイラストである。これは、鶴見川の各所に掲示されており、子どもが「流域」という概念を理解するための良いツールにもなっている。

TRネットは、学校との連携を主な目的としているわけではない。あくまでも、鶴見川水系の流域地域の総合治水対策、環境保全、流域文化の創造といった社会変革のための活動の一環として環境教育が位置づき、そのために学校への協力を求めていると言ってよい。この活動には、1960年代に上流部で大規模な宅地開発がなされた影響で下流部に水害が発生し、工場排水や生活排水によって水質汚染・悪臭が深刻化したという歴史的背景がある。この環境と開発に関わる課題を、多様なステークホルダーが解決していく協働的なプロセスの中に、持続可能な未来の社会を担う子どもの教育（学校教育・社会教育）が位置づけられているのである。

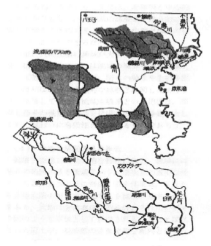

図8-2　鶴見川の水系と流域[4]

TRネットの中での学校は、中央集権的な教育行政の末端機関ではなく、或いは学校区の保護者組織が支援する対象でもなく、流域の各所に点在する環境保全活動や野生生物保護の重要な拠点となっており、これまで学校がほぼ独占してきた子どもの教育という営みが、流域単位の環境教育というコンセプトを中心に置くことによって、一般市民のだれもが関われる営みに変容し、結果的に学校が社会に大きく開かれているのである。

（3）伊勢・三河流域圏におけるESDの取り組み

　TRネットをさらに発展させて、ダイナミックな教育活動を展開したのが、「伊勢・三河流域圏におけるESD」の取り組みである。2007年、国連大学によってESDの地域拠点（RCE）の認定を受けた。これは、河川の流域単位を地域の単位とし、中部地域（愛知・岐阜・三重）を伊勢・三河湾に注ぎ込む各河川流域と、伊勢・三河湾を包み込む地域を拠点としたESDを推進するプロジェクトである。このプロジェクトの中では、前節以上に、学校が積極的に自然環境の中に位置付けられ、先進的な教育活動を推進している。ここでは、豊田市立西広瀬小学校で実践されている環境教育・ESDの事例を紹介する。

　まず「伊勢湾・三河湾流域圏のESD」とは、どのような特徴を備えた取り組みなのだろうか。これは、中部圏を流れる12の河川の流域（上・中・下流）にある多様な主体（行政・学校・企業・NPOなど）が持続可能な地域づくりを推進する総合的・協働的な取り組みである。各主体は、これら流域に潜在する森林、エネルギー、農業、都市・多文化共生、子育て・介護など幅広いテーマを対象とした教育活動（図8-3の●はESD講座の開催地）を展開する。その過程で、地域全体の課題を共有し、相互の連携をうながす仕組みを構築

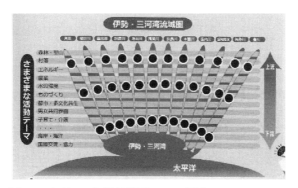

図8-3　伊勢・三河湾流域圏ESDの概要

第2部　学校教育　大都市圏の学校はどう取り組むのか

するのである（中部ESD拠点協議会 2014：3）。

　このような大きな枠組みの中に、西広瀬小学校の教育活動が位置づいている。この学校は、141年の歴史を有する児童数52名（2014年度現在）の小規模な伝統校で、愛知県三河地方を南北に流れる矢作川に面した中流域の自然豊かな学校区である。地域は、過疎化が進んでいるものの、学校を中心に地域がまとまり、教育活動に対して非常に協力的である。

　西広瀬小学校の特色は二つある。一つは、1976年に始めた矢作川の水質汚濁調査活動が40年間にわたって継続されていることである。これは、高度経済成長期に矢作川上流がゴルフ場の造成、砂利採取、硅砂工場などによって汚水が垂れ流され荒れた川になったことが契機となっている。この事態を受けて、児童会が「昔の川を取り戻そう」「川は私たちの遊び場でありたい」という声をあげ、河川美化を中心とする自然愛護活動を生み出したのである（水谷・後藤ら 1985：771-772）。もう一つは、この学校の周辺環境を「西広瀬・丸根山ビオトープ」と名付け、教育活動の中心として活用してきたことである。このビオトープは、1.2haの学校林と谷間の里地（沢・池・休耕田）を含むもので、保護者や地域の協力を得ながら、間伐、山道の造成、稲作などを実践する場所となっている。各学年の授業を概観すると、1・2年生は学校林で生き物とふれあう活動（生活科）、3・4年生はビオトープや学校林での希少野生生物の保護と観察（総合的な学習の時間）、5・6年生は河川の水生生物調査と河川を守る活動が教育課程に計画されている[5]。この二つの特色ある教育活動を通じて、「伊勢・三河流域圏のESD」に参加しているのである。

　このような地域資源を生かした授業は、全国の多くの学校が行なっていることだろう。しかし、西広瀬小学校は、周辺地域を他の地域と有機的につないでいく点に大きな特色がある。たとえば、2013年度の6年生の授業では、森の腐葉土に含まれるフルボ酸が海の栄養分を増やすことを学習した後、子どもたちは恒例の「川に学ぶ会」という行事を通じて、矢作川下流・三河湾の干潟を守る活動をする人々と交流した。これをきっかけに、はるか下流の

116

第8章 これからの学校はどうあるべきか？

三河湾に出かけ、干潟の生物の観察やアサリが汚れた水を浄化する実験を見て、自分たちの学校林をますます保全しなければならないと考えたという。また5年生の授業では、学校周辺の水生生物を調査した後、上流域の学校との交流を通じて生息する生物の違いに気づき、森を守っていこうという意欲を高められたという。このような授業を通じて、子どもたちは、学校林の役割を、「水のつながり」という広い視野でとらえる力がつき、森・川・干潟・海という水の環の連関の思考ができるようになったことが報告されている[(6)]。

　このように、西広瀬小学校の授業は、人間が決めた学校区という行政単位の境界を溶かし、子どもたちに流域単位でものを考え行動することを豊かに体験させることができたと言えるだろう。また**図8-3**に即して言えば、前期の授業は、「森林・里山」と「水辺環境」をテーマに実施していたが、後期に三河湾で活動することによって「海岸・海洋」をテーマにした授業に発展していった。つまり、西広瀬小学校の授業は、都市生態系の中で、学校が「学校区」という行政単位をもとにしつつも、あえて「流域」という自然環境を単位にしたことによって、教育活動の範囲を拡大し質を高めることができたのである。もし、他の河川流域にある学校が同様の授業を実施すれば、ESDというコンセプトのもとに、おびただしい数の個性的な授業が展開されることになり、しかもそれぞれが課題ごとに、あるいは流域ごとにネットワーク化される可能性も生まれて来るはずである。その状況が実現すれば、かつて法的・社会的なイメージで認識されていた学校が、あたかも〈自己増殖していく生物〉のような学校に大きく変容していくのではないだろうか。

5　大都市圏における環境教育・ESDの充実に向けて

　以上の議論から、ある種の違和感をもつ読者がいるかもしれない。「私の学校は、周囲が住宅地であり、緑地は公園しか残っていない」「学校の教育活動を支援してくれる保護者の数が少ない」「目の前の授業をこなすのに精一杯で、そのようなスケールの大きな授業を考える時間もない」など、目の

117

第２部　学校教育　大都市圏の学校はどう取り組むのか

前の現実だけ見れば、それらの懸念は無理もない。

　しかし、その現実とは、教師の固定観念から生まれるものである。筆者は、数多くの環境教育・ESDの授業研究会を参観してきたが、それらの学校に共通するいくつかの課題に気づくようになった。それは、１）大都市圏の学校は、地域と疎遠になりがちで、学校の内部だけで授業を進める傾向がある、２）地域と連携して教育活動を進める学校があったとしても、その多くは地域を人材バンクとしてみる傾向が強い、３）地域の自然を教材化する学校があっても、それを保護・保全の客観的な対象として理解することが多く、学校そのものをエコロジカルに変えていこうとする発想が生まれてこない、４）「大都市は、すでに自然環境が失われた地域である」との思い込みが、教師たちの新しい授業を創造する構想力を奪っている、５）人工的な大都市圏の古層に、忘れられた歴史と文化が眠っており、それを自然環境の問題と関連づけて教材化しようというセンスを持つ教師が少ない、ということである。

　少し視点を変えれば、まだまだ学校と地域は教育力を秘めた存在なのである。たとえば、学校が循環するエネルギーの輪に組み込まれている、「食」を通して中山間地域とつながっている、多様な人々（外国人・障碍者・高齢者など）が活発に交流できるというように、見えているものを別の文脈で読み替えたり、見えないものを想像したりする行為によって、教育課程の内容がいっそう豊かになるはずだ。また、半径２～３kmの範囲で地域との連携を構想する考え方から離れて、非人間の存在を入れた地域観をもつ時、他の地域・国・世界に存在する〈人・もの・こと〉との思わぬつながりに気づき、大胆に交流していく発想が生まれるのだと思う。

　本章での〈都市生態系の中での学校〉という考え方は、従来の学校教育への視点を変えるためのほんの一例である。まだまだ、問題点の多い考え方だが、大都市圏において環境教育・ESDを進めて行く際の議論の出発点として検討してみてほしい。

第8章 これからの学校はどうあるべきか？

注
（1）中央教育審議会教育課程部会資料1「次期学習指導要領などに向けた審議の
まとめ（案）のポイント」1～2ページ参照。
（2）ウェブ「原宿表参道『森の恵み・森の風プロジェクト』」http://www.asaza.
jp/activity/harajyuku/（2016年12月31日最終確認）
（3）ウェブ「原宿表参道『森の恵み・森の風プロジェクト』」http://www.asaza.
jp/activity/harajyuku4/（2016年12月31日最終確認）
（4）http://www.tr-net.gr.jp/ 鶴見川ってどんな川？（2016年12月31日最終確認）
（5）平成26年度学校関係緑化コンクール全日本学校林等活動状況調書『西広瀬・
丸根山ビオトープですべてのいのちを輝かそう：持続可能な故郷の水（いのち）
のつながりを創り出そう』3ページ参照。
（6）同上書14ページ参照。

引用文献
中部ESD拠点協議会『流域圏の持続可能性を高める：伊勢・三河湾流域圏ESD講
座の取組み Vol.2』（2014年、中部大学リサーチセンター）
岸由二「鶴見川流域ネットワーキング・連携と協働の歴史」（『河川』70巻7号、
2014年）3～8ページ
公益財団法人三菱UFJ環境財団『生き物から見た東京の自然：東京の環境指標100』
（2015年）
水谷正一・後藤徹・田島正寛・田中覚「流域の親水運動」（『農業土木学会誌』53
巻9号、1985年）29～32ページ
土屋一淋・斎藤昌幸・弘中豊「都市生態学序説：『まち』の社会生態プロセスを理
解する」（『日本生態学会誌』63巻、2013年）179～192ページ

第3部

様々な学習機会

大都市圏の豊富な教育資源をどう活用するか

第9章　大都市圏の教育施設における
環境教育・ESDの可能性
―都市型環境教育施設の活用―

森　高一

1　はじめに―都市型環境教育施設の存在―

　学校以外の環境教育実践の場として、博物館や科学館・動物園・水族館、公民館・児童館、自然公園などのビジターセンター・ネイチャーセンターなど、社会教育施設として捉えられる施設が挙げられる。

　これらの施設ではそれぞれ本来の目的を果たしながら、施設が持つ資源や機能を活用し、環境教育に取り組み、独自に教材やプログラムを開発してきたところも多い。動物園であれば飼育している動物をテーマに、科学館や博物館であればその展示や資料を使って、来館者に対して教育的なプログラム提供や解説を行い、子ども達の環境活動のクラブ化や、大人も環境管理などの有志グループを作っての継続的なプロジェクト展開をするなど、各地に取組が見られる。

　そうした中で、環境教育を主たる目的に設置された施設群がある。特に都市部において、環境学習センターや環境情報センター、リサイクルプラザなど、その名称や機能も一様ではないが、1990年代から今日まで、多くは自治体によって設立されたものである。

　環境教育と一言で括っても、自然とのふれあいから省エネ、リサイクルの普及啓発、地球温暖化防止に向けた活動など、その内容は多岐にわたる。自治体によって設置された施設を見ても、特に統一した整理はされておらず、これまで施設群として捉えた整理や検証はなされてこなかった。施設ごとに管理運営計画が作られ、独自に運営されてきたのが実情である。

122

第9章　大都市圏の教育施設における環境教育・ESD の可能性

　森（2013）はこれら環境教育を主たる目的に設置された施設を「都市型環境教育施設」と総称し、東京都特別区内の施設を取り上げて、その傾向を追った。本章では、その調査と考察を下敷きに環境教育・ESD 展開の可能性について考察したい。

2　東京都特別区内の環境教育施設—タイプ別の試み—

　2013年時点で、東京都特別区内だけで33以上の施設が運営されている（**表9-1**）。1993年設立の目黒区リサイクルプラザがあり、90年代から2000年代にも新規施設の設立やリニューアルが進んだ。それらは施設の目的により、次の３タイプに仕分けできる。

（1）3R中心型施設

　リサイクル活動を推進し、その啓発を目的にした施設群である。地域のリサイクル活動の拠点として、集団回収や不用品の修理なども手掛けてきた。
　特別区内では、富士見橋エコー広場館をはじめとする３施設（北区）、関町リサイクルセンターをはじめとする３施設（練馬区）、目黒リサイクルプラザ（目黒区）、リサイクルひろば高井戸（杉並区）、エコプラザ用賀（世田谷区）などがあげられる。
　1990年以前から各地には、地域主導の積極的なリサイクル活動があり、初期に整備された施設は、当初市民グループが中心となって施設運営を担ってきた経緯もある。現在は運営者の組織化や指定管理者制度に移行し、テーマもリサイクル活動の社会的な定着から環境問題全般に広がり、リニューアルされた施設も多い。

（2）都市自然型施設

　都市に残る林地や水辺、邸宅などの跡地の環境を保全し、市民参加による環境管理作業や自然体験、生き物観察などの教育活動を行なう施設である。

123

第3部　様々な学習機会　大都市圏の豊富な教育資源をどう活用するか

表9-1　東京都特別区内の環境教育施設（設置順）

	施設	設立	タイプ	設置者
1	目黒エコプラザ	1993年4月	3R中心型（オールラウンドへ発展）	目黒区
2	富士見橋エコー広場館	1994年1月	3R中心型	北区
3	自然ふれあい情報館	1994年4月	都市自然型	北区
4	港区エコプラザ	1995年4月	オールラウンド型	港区
5	板橋エコポリスセンター	1995年4月	オールラウンド型	板橋区
6	北ノ台エコー広場館	1996年3月	3R中心型	北区
7	滝野川西エコー広場館	1996年6月	3R中心型	北区
8	駒場野公園自然観察舎	1996年7月	都市自然型	目黒区
9	関町リサイクルセンター	1997年3月	3R中心型	練馬区
10	都市農業公園（自然環境館）	1997年	都市自然型	足立区
11	平町エコプラザ	1998年8月	3R中心型（オールラウンドへ発展）	目黒区
12	リサイクルひろば高井戸	1999年11月	3R中心型	杉並区
13	荒川ビジターセンター	2000年	都市自然型	足立区
14	すみだ環境ふれあい館	2001年5月	オールラウンド型	墨田区
15	リサイクル千歳台	2001年	3R中心型	世田谷区
16	中目黒公園花とみどりの学習館	2002年3月	都市自然型	目黒区
17	春日町リサイクルセンター	2002年10月	3R中心型（オールラウンドへ発展）	練馬区
18	桜丘すみれば自然庭園	2003年2月	都市自然型	世田谷区
19	えどがわエコセンター	2003年4月	オールラウンド型	江戸川区
20	あだち再生館	2003年	3R中心型	足立区
21	すぎなみ環境情報館	2004年4月	3R中心型（オールラウンドへ発展）	杉並区
22	エコギャラリー新宿	2004年6月	オールラウンド型	新宿区
23	桑袋ビオトープ公園	2005年5月	都市自然型	足立区
24	環境情報活動センター	2005年10月	オールラウンド型	品川区
25	せたがやトラストまちづくりビジターセンター	2006年4月	都市自然型	一財）せたがやトラストまちづくり
26	エコプラザ用賀	2006年5月	3R中心型	世田谷区
27	台東区立環境ふれあい館	2006年11月	オールラウンド型	台東区
28	えこっくる江東	2007年2月	オールラウンド型	江東区
29	赤羽エコー広場館	2008年3月	3R中心型	北区
30	あらかわエコセンター	2009年2月	オールラウンド型	荒川区
31	豊玉リサイクルセンター	2009年4月	3R中心型（オールラウンドへ発展）	練馬区
32	かつしかエコライフプラザ	2011年7月	3R中心型	葛飾区
33	中央区立環境情報センター	2013年6月	オールラウンド型	中央区
【参考施設】※企業による特筆する施設				
34	環境エネルギー館	1998年11月	オールラウンド型	東京ガス
35	丸の内さえずり館	1999年10月	オールラウンド型	三菱地所

（2013年筆者調べ）

第9章　大都市圏の教育施設における環境教育・ESD の可能性

北区自然ふれあい館（北区）では、1994年に設立・整備された。区内の公園整備に伴い雑木林と池を保全し、隣接する小学校とともに稲作の体験プログラムを続けている。ビオトープ管理の人材養成も行っており、区内の環境保全を担う指導者のスキルアップも目指している。

せたがやトラストまちづくりビジターセンター（世田谷区）では、区内の緑地保全のボランティア活動を推進している。拠点施設としてビジターセンターでは展示や来館者に向けての情報提供を行っているが、団体が進める区内各地の整備の拠点としても機能している。その一つ、桜丘すみれば自然庭園（世田谷区）も邸宅跡地の環境を区民が参加して保全するプロジェクトを実施している。

中目黒中央公園（目黒区）では、計画時から地域の市民グループの参画があり、開園後も環境整備が進められてきた。また、一般参加で通年の畑作業や田んぼのプログラムがある。同じく目黒区の駒場野公園自然観察舎では、施設自体は公園の環境と生きものを解説する拠点であるが、雑木林と水田が残された公園内で、区民ボランティアや近隣の学校による保全活動が積極的に進められている。

施設によって環境そのものや目的も異なり、展開手法も様々だが、都市生活の中で住民が貴重な自然に直接かかわり、活用する取り組みとして定着している。

（3）オールラウンド型施設

3Rや環境保全活動も含み、地球温暖化や生物多様性をはじめとする幅広い環境問題を扱ってきた施設群である。これも一括りにまとめてはいるが、施設の規模やテーマ、運営手法など一様ではなく、独自の施設運営がなされている。

板橋区では1995年に環境共生都市の実現に向けた拠点として、区内の住宅地に板橋区立エコポリスセンターを設立した。施設内での展示や区民向けの講座、イベント、区内の市民グループとのネットワークもあり、何より独自

第3部　様々な学習機会　大都市圏の豊富な教育資源をどう活用するか

に開発してきた環境学習プログラムの蓄積から、区内の学校への出張授業や、埼玉県嵐山市での里山体験の展開など幅広い取り組みを行っている。

　エコギャラリー新宿（新宿区）は新宿中央公園内にあり、区民ギャラリーが併設された施設である。展示や敷地内のビオトープ、畑でのプログラムのほか、みどりのカーテンの地域展開で地域へ出向いての活動や、区民の森へのエコツアーなど多岐にわたる事業を進めている。特に注目するのが「まちの先生見本市」という事業で、エコギャラリー新宿の指定管理を受けているNPO法人新宿環境ネットワークが、前身の団体時代よりはじめたプロジェクトであり、学校への出張事業のプログラムを持つ地域の事業者や個人、NPOなどと学校の先生を一堂に集めての見本市を年1回区内の小学校を会場に開催している。

　港区エコプラザ（港区）では、施設としては1995年に設立されたが、2008年に新規の区営住宅の1階に移転リニューアルして、指定管理者による運営となった。区内外の団体やキーマンと連携しての多様なイベント展開のほか、施設内に別事業の「港区環境にやさしい事業者会議」の事務局を持ち、区内の環境経営を進める企業のネットワークが機能している。

　えどがわエコセンター（江戸川区）では、特定の施設を持たず、そこへの集客を行わず、事務局を区の施設内に持って区内全域で地域の団体や個人と連携した多様な講座やプログラムを展開している。

　他のオールラウンド型では、えこっくる江東（江東区）、台東区立環境ふれあい館（台東区）など、各地で特色ある運営を行っている施設がある。

　環境学習施設ネットワーク（2006年）によれば、アンケート調査から2006年時に全国313自治体で526件もの環境教育施設を確認し、その際にも次の4タイプで施設を整理している。
①廃棄物処理施設や再資源化中間施設に併設するリサイクル啓発の施設としての「リサイクルプラザ」
②廃棄物処理施設とは併設されず、都市生活系のテーマで環境保全の啓発・

第9章　大都市圏の教育施設における環境教育・ESD の可能性

学習・交流を進める「リサイクル・環境保全施設」
③野外活動や自然系の体験・学習を行う「自然の理解・保全施設」
④どれにも分類されない博物館や情報施設などの「その他の施設」

　その内訳は、①「リサイクルプラザ」158件、②「リサイクル・環境保全施設」68件、③「自然の理解・保全施設」214件、④「その他の施設」86件だった。①と②を3R中心型とすると、全国的に見ても2000年代初頭において概ね前出の3タイプが存在することがわかる。

　そして2000年代以降では、国の地球温暖化防止のための普及啓発活動において、都道府県と政令指定都市で地域の地球温暖化防止活動センター（いわゆる地域センター）が設置され、それぞれ活動が進められていく。都道府県設置の活動センターのため、各都道府県と政令指定都市に1ヶ所となり、対象とする地域も広域にわたることから、市町村や地域での活動の中間支援を担う色合いが強い。一般に開館して集客をしている施設ばかりではないがこれも地球温暖化問題の普及啓発施設、活動拠点として機能しており、4つ目のタイプの環境教育施設としても位置づけられると考えられる。

3　歴史的な経緯、世界の動きから地域へ

　ここまで、3R中心型、都市自然型、オールラウンド型と、地球温暖化防止活動型の、4つのタイプの類型を提示した。

　再び、東京都特別区内の環境教育施設の設立年に着目してみると、1990年代には地域で市民によるリサイクル活動や環境保全活動をベースに施設が設立されるケースが目立つ。オールラウンド型の先駆けとなる板橋区エコポリスセンターは、当事の区長の強いリーダーシップのもと環境共生都市を目指す拠点施設として開設された。

　時代的には1992年のブラジル・リオデジャネイロでの地球サミットがあり、日本では1993年に国の環境基本計画が策定された時代である。以降、都道府県、地区町村レベルでも環境計画や推進活動の計画が進んでいく時期である。

127

第3部　様々な学習機会　大都市圏の豊富な教育資源をどう活用するか

　施設設置にあたっては、ハード・ソフト両面にわたる施設計画もさること
ながら、それらを実行するための予算措置、そのための条例整備などの準備
作業が必要であり、そのためにも地域住民の理解や賛同が不可欠である。
1990年代半ばに開設された施設は、そうした地域の機運の高まりや先んじて
計画を進めてきた事案が、先駆けて誕生してきたと言えるだろう。

　また1990年代初頭まで、自治体の優先課題には廃棄物の適正な処理と、リ
サイクルの徹底に向けた普及啓発があったことも、3R中心型施設の設立に
プラスに働いたと言えよう。

　以降の世界的な動きを見ると、地球サミットで生まれた2つの国際条約、
気候変動枠組条約と生物多様性条約の締約国会議がスタートし、1997年京都
で気候変動枠組条約第3回締約国会議（COP3）が開催され、京都議定書を
採択。2010年には愛知で生物多様性条約第10回締約国会議（COP10）の開催、
愛知ターゲットが採択される。

　ESDについても、2002年のヨハネスブルグサミットで日本による提案から、
「国連ESDの10年」が採択され、2005年から2014年の10年間世界的にESDの
取組が強まる。2014年11月には日本で世界会議と関連する会合が開催され、
グローバルアクションプログラム（GAP）が示された。

　日本国内の法律では、2004年に社会においての環境教育を推進すべく「環
境教育推進法」が成立する。その後時代に合わせ見直しが進み、2011年に、
環境教育を学校だけでなく地域、企業、市民など多様な協働による環境保全
と教育活動として捉える、いわゆる「環境教育促進法」として改正された。
今日のESDにつながる解釈がなされていると言えよう。

　このような大きな国際的な動きから、国の法整備に続き、地方自治体が地
域の事情や特性に沿った取組へとつながっていく。その中で一部の地域では、
環境教育施設の設置が進み、それぞれの地域で重視されたテーマのもと環境
教育施設が設立されていった。

　特別区内の環境教育施設では、2000年以降も各地で環境教育施設がオープ

第9章　大都市圏の教育施設における環境教育・ESDの可能性

ン、または既存施設のリニューアルが続き、地球温暖化や生物多様性も含めたオールラウンドな展開が活発化していく。

　加えて1990年代後半から企業のCSR活動への意識が高まり、企業による環境対策やその開示、市民向けの環境コミュニケーション活動がさかんに取り組まれていく。その中で、東京ガスは環境エネルギー館（横浜市鶴見区）を開設、環境とエネルギーをテーマに据えた都市型環境教育を展開した。三菱地所では丸の内にさえずり館（千代田区）を開設、環境NPOとの協働などを進めていく（両館とも2013年閉館）。施設開設とまではいかずとも、多くの企業が学校への出前事業に力を入れるなど、多様なセクターが環境教育に関わる傾向が現れる。2002年に小中学校での総合的な学習の時間が本格導入されたことも、そうした動きの後押しにつながったと見られる。

　都内の環境教育施設でも、当該区域内の学校への出張授業や、施設の見学受け入れを積極的に取り組み、前出の板橋区エコポリスセンターによる区内の学校への出張授業、エコギャラリー新宿での「まちの先生見本市」などが代表的な取組としてあげられる。

4　都市型環境教育施設の運営と現状の課題

　特別区内のオールラウンド型と位置づけた施設では、全ての施設で環境活動を行う指導者養成や、区民の環境意識を高める講座・イベントが展開されている。また、スタッフが常駐し日常的に参加体験性の高い教育プログラムを実施しているところや、学校へのアウトリーチをはじめ学校と地域をつなぐ展開に力を入れているところも多い。

　最近の傾向として、継続的な実践が伴う緑地づくりや農的体験を取り入れたプログラム、施設外へスタッフが出向いての事業展開など、運営のしかたも多様化しており、地域の環境活動をより活発化していくための試行錯誤が続いていることが読み取れる。

　これらの取組は、自治体の施策でありながら地域の活動者、実践者と協働

129

第3部　様々な学習機会　大都市圏の豊富な教育資源をどう活用するか

もしくは連携している点で、ESD推進の拠点としてポテンシャルを持っている。学校と地域をつなぎ、地域の多様なステイクホルダーを巻き込んでいる。

　しかしながら、現状では施設側にも利用者側にもESDとしての認識はまだ薄く、加えて区外との連携や区内の他分野の施設との連携も極めて少ないというのが実情である。

　施設の運営に目を向けると、2013年時、多くの施設で外部団体への委託をとっており（**表9-2**）、全国的に見ても指定管理で民間に委託する流れが強まっている。これまでは地域で結成されたNPO法人や環境教育を専門とする事業者が施設運営を担う傾向にあったが、最近では企業による参入も増え、運営者の多様化が進んでいる。

　指定管理者制度による運営の場合、3年や5年など数年の期間設定のもと、仕様書に基づく公募によって受託者を選定する。ほとんどの場合、年度ごとに委託者である自治体と施設運営者によって事業評価が行われる。

　特別区内の都市型環境教育施設は、設立から長くても20年あまりとまだ歴史も浅く、運営スタイルもそれぞれの施設ごとに模索されながら作られてきた。

　殊に環境教育施設の運営には、専門的なノウハウやネットワークなど運営者の力量に負うところは大きく、コストや効率性のみで判断できるものではない。加えて、施設の評価として取り上げられる利用者についても、地域の人口に比較して施設利用者が少なく、地域の在住者をはじめ就労者や通学者、関係者に対して施設の認知が高まっていないことも指摘したい。

　実際に筆者が環境教育施設の設立や運営にあたってきた経験を踏まえて、現状の都市型環境教育施設の課題として、次の3点を挙げられる。

・当該行政区外への展開の難しさ

・指定管理者制度による運営主体の不安定さ

・住民主導の利用になりづらく、施設もしくは行政主導となる設定（利用者の限定にもつながる）

第9章　大都市圏の教育施設における環境教育・ESD の可能性

表9-2　東京都特別区内の環境教育施設の設置者及び運営者タイプ

	施設	設置者	運営者タイプ
1	目黒エコプラザ	目黒区	地域のNPO
2	富士見橋エコー広場館	北区	地域のNPO
3	自然ふれあい情報館	北区	専門事業者
4	港区エコプラザ	港区	一般企業
5	板橋エコポリスセンター	板橋区	一般企業
6	北ノ台エコー広場館	北区	地域のNPO
7	滝野川西エコー広場館	北区	地域のNPO
8	駒場野公園自然観察舎	目黒区	専門事業者
9	関町リサイクルセンター	練馬区	一般企業
10	都市農業公園（自然環境館）	足立区	一般企業
11	平町エコプラザ	目黒区	地域のNPO
12	リサイクルひろば高井戸	杉並区	区職員＋NPO
13	荒川ビジターセンター	足立区	専門事業者
14	すみだ環境ふれあい館	墨田区	地域のNPO
15	リサイクル千歳台	世田谷区	区職員＋NPO
16	中目黒公園花とみどりの学習館	目黒区	専門事業者
17	春日町リサイクルセンター	練馬区	一般企業
18	桜丘すみれば自然庭園	世田谷区	外郭団体＋専門事業者
19	えどがわエコセンター	江戸川区	外郭団体
20	あだち再生館	足立区	一般企業
21	すぎなみ環境情報館	杉並区	区職員＋NPO
22	エコギャラリー新宿	新宿区	地域のNPO
23	桑袋ビオトープ公園	足立区	専門事業者
24	環境情報活動センター	品川区	地域のNPO
25	せたがやトラストまちづくりビジターセンター	世田谷区	外郭団体＋専門事業者
26	エコプラザ用賀	世田谷区	区職員＋NPO
27	台東区立環境ふれあい館	台東区	区職員＋専門事業者
28	えこっくる江東	江東区	区職員
29	赤羽エコー広場館	北区	地域のNPO
30	あらかわエコセンター	荒川区	区職員
31	豊玉リサイクルセンター	練馬区	一般企業
32	かつしかエコライフプラザ	葛飾区	区職員
33	中央区立環境情報センター	中央区	一般企業
【参考施設】企業による特筆する施設			
33	環境エネルギー館	東京ガス	一般企業
34	丸の内さえずり館	三菱地所	一般企業

（2013 年筆者調べ）

131

第3部　様々な学習機会　大都市圏の豊富な教育資源をどう活用するか

5　大都市圏における環境教育・ESDの充実に向けて

　必ずしも施設がなければならないものではないが、施設の存在により得られるものとして次の4つの資質を指摘したい。
・常時、場として存在している【求心性】
・だれもがアクセスできる【オープン性】
・ノウハウやネットワークが蓄積される【継続性】
・その場で予期せぬ創造が生まれる【偶発性】

　場が常に開かれ、そこに多様な人々が集まることにより、継続的な活動が生じる。ESDという多様な側面を持ち、社会的な課題の解決に向けた学びには、特定の利用者、特定のテーマに縛られないオープン性は必要であり、そこに生じる偶発性にこそ大きな学びを社会でどのように解決していけるか、地域で実際にそれを推進する拠点と運営者が必要である。
　東京都特別区内で見た都市型環境教育施設では、自治体の設立で運営費に自治体に予算を充てていること、行政区の枠組みではあるが、地域に密着して施設運営がなされていること、地域のNPOが施設運営や事業の展開に関わっているケースが多く、地域のつなぎ役としての活動が見られること、施設利用者の体験的な学習を重視し、学校教育への支援を継続的に行うケースがあること、環境を狭くとらえずグローバルなテーマから地域の活動をつなげていることなど、共通項としてESD推進拠点として期待する特性が見受けられる。現状のまま、これらの施設が地域のESD推進拠点として機能できるとは言えないが、ESDの担い手となることが期待される。
　現状では行政内で管轄も予算も別であり、施設の持つミッションもそれぞれ独自にあることから、これまで分野を越えて協働するには困難があったが、そこに都市型環境教育施設がコーディネーター役として機能することで、ESDの視点を持った分野を横断する学びがつくれるのではないかと考える。

132

第9章　大都市圏の教育施設における環境教育・ESD の可能性

　狭義のテーマに縛られず、また特定の学習にこだわらない、持続可能な社会づくりに向けたコーディネート機能を発揮することで、地域に有用なESDの推進拠点としての可能性が高まる。

　その実現に向けて、前述した都市型環境教育施設の課題を解決すべく、次の3点を提案したい。

・自治体がESD推進の重要性を認識し、既存のあらゆる施設や団体を柔軟に活用して地域展開を描くこと

・これまでの行政内の縦割りを超えて、多様な分野が協働できる環境をつくること

・都市型環境教育施設がそのコーディネーター役に徹し、地域主導のESD展開に寄与すること

　「国連ESDの10年」後、各地域でのESDの本格的な展開が期待され、日本では環境省と文部科学省によってESD活動支援センターが設立され、全国の実践者や施設、支援者などのネットワークの強化が掲げられている。まさに地域においてESDの推進拠点が必要とされ、コーディネート機能が重視されている。

　特に多くの人口が集中し、環境負荷をかける膨大なエネルギーや物質の消費がなされる大都市圏こそESDの展開が希求される。新たなESDの推進拠点を求めるまでもなく、現状の都市型環境教育施設がコーディネート機能を高め、推進役を担うことで、その役割を果たせるものと考える。

参考文献

阿部治「持続可能な開発のための教育（ESD）の現状と課題」（日本環境教育学会『環境教育』19巻2号、2009年）21〜30ページ

降旗信一・高橋正弘編著『現代環境教育入門』（筑波書房、2009年）

環境学習施設ネットワーク編『環境学習施設レポート』（環境学習施設ネットワーク、2007年）

日本環境教育学会編『環境教育』（教育出版、2012年）

特別非営利活動法人新宿環境活動ネット編『新宿の環境学習応援団 "まちの先生見

第3部　様々な学習機会　大都市圏の豊富な教育資源をどう活用するか

　本市"』資料集（特別非営利活動法人新宿環境活動ネット、2012年）
森高一「都市型環境教育施設の現状とESD展開に向けた可能性」（立教大学異文化
　コミュニケーション研究科、2013年）

第10章　大都市圏の動物園における
環境教育・ESDの可能性
―いのちと生物多様性を考える場として―

高橋　宏之

1　はじめに

　本章の目的は、大都市圏の動物園における環境教育やESDの可能性について論じることにある。まず現代の動物園の役割についてみていく。晴れているから今日はちょっと動物園にでも出かけてみよう、といったレクリエーション的側面だけではない動物園の魅力を探る。次に、実際の事例として、筆者の勤務する千葉市動物公園での取り組みについて紹介する。大都市圏では他の章でも述べられているように多種多様な環境教育施設・ESD関連施設があり、協力し合うことで、一つの園館だけでは成し得ない、メタ博物館的な活動を展開できることを明らかにしたい。そのうえで、大都市圏における環境教育・ESDの充実に向けての動物園の意義、大都市圏に暮らす人々にとっての動物園の意味を考察する。なお、本章では動物園について焦点を絞っているが、現代の日本では、水族館や博物館といった社会教育・生涯学習に貢献する施設に共通する可能性であることをはじめに指摘しておきたい。

2　現代の動物園の役割

　現代の動物園には①レクリエーション、②教育、③研究、④自然保護の4つの社会的機能があるといわれている（齋藤 1999：4）。現代の動物園がこうした社会的機能を土台にして、果たしていくべき使命として「種の保全（Species Conservation）」と「環境教育／学習（Environmental Education/

第3部　様々な学習機会　大都市圏の豊富な教育資源をどう活用するか

Learning)」がある。この2つの使命については、例えば、1993年に発刊された『世界動物園保全戦略』の中でも謳われている（IUDZG・CBSG 1993：8-9、17-18）。

（1）種の保全

　種の保全についてこれまでの文献ではどのように言及されているだろうか。先に掲げた『世界動物園保全戦略』では次のように記されている。

　　世界動物園保全戦略では、先進的な動物園は、生物学的多様性の保全に寄与するために、かけがえのない動物たちをしっかりと管理することを言明する。動物園は絶滅の恐れのある動物たちを維持管理できる能力を高めるべきであり、生息域外保全を支えるために必要な種を選択すべきである。同時に生息域外保全に向けた動物園の努力は、できる限り対象種ならびにその生息地の域内保全に関連する形で成し遂げなければならない[1]（IUDZG・CBSG 1993：9）。

　現在、公益社団法人日本動物園水族館協会（JAZA）に加盟している動物園は環境省と協力して様々な日本在来種の保全に努めている。例えば、2014年度に設置した「JAZAライチョウ域外保全プロジェクトチーム」はJAZAのパイロット事業に位置付けられ、環境省のライチョウ保護増殖事業に参画し、生息域内保全と連携した取り組みを進めている（日本動物園水族館協会2015：31）。また、生息域外保全機能の強化を図るために、環境省から新たな委託事業を受託し、「ツシマヤマネコ飼育管理検討会議」を2015年度に設置した。これは、JAZA及び環境省が、2014年5月22日に「生物多様性保全の推進に関する基本協定」を締結したことに基づき、環境大臣がJAZAに対して保護増殖事業計画の認定を行った第一号である[2]（日本動物園水族館協会2015：31）。

　上野動物園や多摩動物公園、井の頭自然文化園、葛西臨海水族園を擁する

第 10 章　大都市圏の動物園における環境教育・ESD の可能性

公益財団法人東京動物園協会では、千葉県野田市におけるニホンコウノトリ
の野生復帰に向け、野田市と協力して2012年度より、飼育繁殖施設の建設に
着手した。野田市をはじめとする千葉県や茨城県など関東4県の29市町村で
構成する「コウノトリ・トキの舞う関東自治体フォーラム」が進めるコウノ
トリの保全事業に協力することとなり現在に至っている[3]。

（2）環境教育／学習

　現代の動物園のもう一つの柱は、環境教育／学習の推進である。

　日本の動物園教育を議論する場として最も歴史をもつのが日本動物園水族
館教育研究会（以下、Zoo教研と略称）である。Zoo教研は、1975年に日本
の動物園に勤務する数名の職員有志によって結成された任意団体である（当
初は、動物園教育研究会と呼称）。その後、40年強の歴史の中で、今日の日
本動物園水族館教育研究会という名称となり、現在に至っている。1975年〜
1989年までは年に2回ずつ研究会を開催しており、2016年度の大会で第57回
を迎える。これまでの発表演題を見てみると、はじめて「環境教育」という
言葉が演題の中に見られたのは第30回（1989年）大会であった。このときの
全体テーマは「環境教育と動物園・水族館」であった。その背景には、この
時期に、日本の動物園や水族館における「種の保存」や「環境教育」への焦
点化があったことが考えられる。先の日本動物園水族館協会通常総会ならび
に協議会に関するテーマ討議で「環境教育」が取り上げられるようになった
のが1990年であり、やはり呼応する。「環境教育」がテーマとしてZoo教研
で再度取り上げられたのは、第47回（2006年）大会であった。

　一方で、国際的な動物園教育の動向に関しては、国際動物園教育者協会
（International Zoo Educators Association：IZE）のジャーナルからその傾
向を探ることができる。IZEは1972年にドイツやオランダ、英国、デンマー
クといった欧州の動物園教育担当者（Educator）が集まったのが最初であ
った。それから44年の間に様々な動物園教育に関するテーマが議論されてき
た。隔年で大会が開かれ、2016年のアルゼンチン・ブエノスアイレス大会で

第3部　様々な学習機会　大都市圏の豊富な教育資源をどう活用するか

第23回を迎えた。国際的なこの動物園教育に関する集まりでは、キーワードは「保全（Conservation）」である。de Britt（2003）は、「教育なしには、保全などあり得ない。つまり、人々は環境に対する積極的な行動をとる必要性を理解しないだろう。」と述べている。そして、動物園や水族館における教育には6つの原則があると指摘している。それは、①人々と自然界とを結びつけるユニークな学びの体験を提供すること、②コミュニティ全体を含むこと、③生涯学習であること、④その組織全体に関わるものであること、⑤人々に自然界の中に自分たちの場所があり、生態学的に持続可能であるように個々の、そして、集団での行動をとる必要があることを理解してもらうようにすること、⑥社会的な、環境的な、そして経済的な目標を含むものであること、である（de Britt 2003：7、筆者訳）。この動物園や水族館における教育の6原則は、環境教育やESDにも通じるのではないだろうか。

　では、具体的に千葉市動物公園の事例を通してその実践事例を見てみよう。

3　千葉市動物公園の事例

（1）子ども動物園での教育活動―「いのち」を考える場として―

　千葉市動物公園はモンキーゾーン、草原ゾーンなど7つのゾーンで構成されている。今後、リスタート構想に基づき、20年をかけて再整備される予定であり、現在、その第一弾として、2016年度に新たにライオン展示場や「ふれあい動物の里」がオープンした。ここでは、その中でも、開園以来、様々な教育活動を行ってきた子ども動物園に着目し、「いのち」を考える場としての動物園の姿を探ってみたい。

　子ども動物園とはその名の通り、人間の子どもを対象としたエリアである。千葉市動物公園では、主に、未就学児である保育所（園）や幼稚園児、さらには、小学校低学年（1・2年生）を対象とした団体指導を子ども動物園内で行っている。具体的には、一般的にモルモットと呼ばれているテンジクネズミと掌の上に乗るほどの大きさしかないハツカネズミを中心とした小動物

第 10 章　大都市圏の動物園における環境教育・ESD の可能性

とのふれあいや、ヤギやヒツジといった中型家畜を活用したプログラムを実施している。籠の中に入っているテンジクネズミの背中をさわったり、ハツカネズミを実際に自分の両掌の上に乗せたりして、自分とは異なる生きものを実感してもらう。大事なことは、必ず職員が事前に触り方の説明をするだけでなく、どのように触るのかを保育所（園）や幼稚園児の目の前で実際にやってみせることである。ハツカネズミは両掌の上に乗るだけでなく、子どもたちの肘をのぼって肩まで上がってくる場合がある。子どもたちはドキドキしながらもハツカネズミの行方を友達同士で見守っている。また、ハツカネズミが肩まで上がってくるときには、小さな爪がチクチク感じる子どももおり、その感触に驚く。まずは感じることが、命の大切さに思いを馳せる一歩となるのではないだろうか。

　ヤギやヒツジといった中型家畜とのふれあいの場合には、文字通りふれることはもちろんだが、こうした家畜たちから大切なもの（温かな毛であったり、乳や肉）を人間がいただいていること、また、逆に人間が世話をしなければこうした家畜は生きていけないことを伝えている。例えば、ヒツジは家畜に改良された結果、もはや自然に換毛することができなくなってしまった。人間が毛刈りを行わなければ、毛はどんどん伸び続ける。放っておけば病気にかかったり、ときには死に至ることもある。人間と家畜とはギブ＆テイクの関係にあることも団体指導の中で伝えている。人間はまさに動物たちの「命をいただいている」のだということを言葉で話すだけでなく、ヒツジの毛を使って毛糸を作る体験を織り込むなど、実際に体を動かしてみる活動を取り入れることが、命の大切さに気づく第一歩になるのではないだろうか。

　子ども動物園は、他の野生動物のエリアよりも、子どもたちにとっては身近に動物たちを感じ取ることのできる場所である。だからこそ、教育担当スタッフをきちんと配置し、子どもたちの発達段階に応じた対応をすることが欠かせない。実践を積み重ねながら職員自らも学び続ける姿勢が大切である。

139

第3部　様々な学習機会　大都市圏の豊富な教育資源をどう活用するか

（2）出張授業におけるESDの可能性

　千葉市動物公園では、子ども動物園をはじめとした様々な教育プログラム
を園内で実施するだけでなく、実際に小学校の現場へ飼育職員が赴き、出張
授業を行っている。普段は飼育作業があるため、職員同士で調整を図りなが
ら、週に1度、事前予約をした小学校へ出向く。年間30校ほどの小学校を訪
問している。千葉市動物公園の出張授業では、生きた動物を持って行くこと
はせず、その代わりに、自然落角したトナカイの角や、ダチョウの卵、動物
が日々食しているエサ、排泄物としての糞（もちろん、コーティングを施し、
直接触ることができるように工夫してある）を教材として持参している。こ
の出張授業を通して、ESDができる。たとえば、ゾウのエサと糞についての
関係性に思いを馳せてみる。動物園ではゾウにワラや乾草、ヘイキューブ（乾
草をキューブ状に固めたもの）などを与えているが、ゾウから排泄される糞
をよく観察すると、糞のほとんどが繊維質の塊のようになっている。出張授
業を受けている子どもたちに実際にゾウの朝一番で排出された糞を観察して
もらったり、コーティングを施した糞標本を手に取ってじっくり観察しても
らい、その意味を考えてもらう。実は、野生下ではゾウは広い範囲を練り歩
きながら、多量の植物を食べている。そして、多量の糞をするが、その中に
は多くの種も混じっている。糞は水分や熱、種にとっての栄養分が十分にあ
り、それをもとに種が発芽する。発芽した植物は大地に根を張り再び森の一
部を形成していく。いわば、ゾウが森を育てていると言うことができる。生
態系で重要な位置をゾウが占めていることを餌と糞の話から展開することが
可能である。授業で糞の話をすることで、それまで単に汚いものという認識
しかなかった子どもたちが、生態系の中で糞が重要な位置付けにあることや、
動物の日々の糞を観察することで、飼育係がその動物の健康状態を把握して
いることを知ることにより、糞について新たな認識を持つことは出張授業な
らではの大きな効果だと思われる。糞の形が健康のバロメーターになるとい
うことで、これから毎日自分のウンチを見てみる！と話す子も出るなど、自

140

第10章　大都市圏の動物園における環境教育・ESDの可能性

らを振り返る良い機会にもなっているようである。

　以上、動物園から赴く出張授業からESDの可能性の一端を紹介させていた
だいた。次は、各園館のそれぞれの特徴を活かした事例を紹介しよう。

（3）「千葉市科学館・千葉県立中央博物館・千葉市動物公園　連携企画　ち　　ば生きもの科学クラブ」

　千葉市動物公園は千葉市科学館、千葉県立中央博物館と連携して2012年よ
り「３館園連携企画」に携わってきた。これまでのテーマは「シカとカモシ
カ」(2012年度)、「鳥類（鳥を音・色・形で科学する）」(2013年度)、「ウマ（ウ
マと人のかかわり）」(2014年度)、「コウモリ（空を飛ぶ哺乳類「コウモリ」
のひみつ）」(2015年度)、「サル（サルの仲間と私たち）」(2016年度）であ
る[4]（針谷ほか 2017：9-20）。

　この企画は、千葉市科学館が核となり、テーマに沿って地域の博物館や生
涯学習施設を利用し、様々な体験を通して自然や生きものを科学的に観て楽
しむ姿勢を養い、自らが発信者になることを目指している。

　対象は、小学校４年生以上で毎年約20名を募集している。内容としては、
講座、バックヤード見学、フィールドワーク、サイエンスカフェ、発表会を
実施しており、全体で８〜12回（補講・有志参加企画を含む）の年間を通し
た企画となっている[5]（針谷ほか 2017：5-20）。運営は、千葉市科学館のス
タッフが主導し、それを連携園館である千葉市動物公園や千葉県立中央博物
館のスタッフと市民ボランティア（千葉市科学館ボランティアならびに千葉
市動物公園ボランティア）が支えている。ボランティアは毎年８名前後であ
る。

　こうしたそれぞれの園館職員とボランティアが手を携えながら、クラブ生
の活動を支えている。クラブ生は、それぞれのテーマから自分の興味あるも
のを見つけ、園館職員のサポートを受けながら、自分で調べていき、最後に
は一般来館者（来園者）も交えて成果を発表する。

141

第3部　様々な学習機会　大都市圏の豊富な教育資源をどう活用するか

　この県と市という異なった地方自治体の枠組みを超えた実践は注目を浴び、2012年度に行われたクラブ活動「シカとカモシカ」は、サイエンスアゴラ[6]で審査員特別賞を受賞した[7]。

　以上、千葉市動物公園の様々な事例を紹介したが、次節では、こうした試みがどのような意味・意義をもつのかについて論じたい。

4　大都市圏における環境教育・ESDの充実に向けて

　これまでの内容を受けて、大都市圏における動物園の意義や大都市圏に暮らす人々にとっての動物園の意味とはなんだろうか。本節では、この点について考えてみたい。

（1）「いのち」を考える場として

　これまで述べてきたように動物園は「種の保全」とともに「環境教育」が２つの柱の１つとなっている。近年では、動物園におけるESDの重要性も言われるようになってきた。そもそも、ESDは「1980年代に顕在化した地球環境問題によってそれまで個別に存在していたかのように見えていた国際的な課題（環境、開発、平和、人権、ジェンダーなど）が、相互不可分の関係にあることが明らかにされたことに端を発する。すなわち、従来から取りこまれてきた環境教育や開発教育、平和教育、人権教育などが個別の教育ではなく、持続可能性という視点から見ると、一つの教育ではないかということである」と阿部（2014：i）は述べている。動物園では、人間以外にも多様な生きものが存在しているこの地球という、いわば「いのち」の基盤ともいえるものの上に我々は日々存在し、暮らし、生を営んでいるということを見つめ直す、そのために大きな意義を見出すことができるのではないかと考える。

　動物園には、前述したように掌の上に乗るくらいの大きさしかないハツカネズミから、見上げるほどのゾウやキリンまで、さまざまな動物を目の前にすることができる。そして、それらが「生きて」目の前に迫ってくるという

142

ところが博物館の展示とは大きく異なる点であり、そこにこそ、動物園の動物園たる所以がある。それはヒト以外の生きものの存在を身近に感じることであり、動物園とは、ふだんヒトという単体の生物としか接することのない大都市圏に生活する人々が、あらためて地球上に生を営む他の生きものの存在に気がつく場所の一つなのではないだろうか。

　JAZAは2013年度総会においてJAZA10年ビジョンを承認している（日本動物園水族館協会 2015：6）。「動物園・水族館は、命の素晴らしさ、力強さ、儚さ、大切さ、を実感し、学び、伝える「いのちの博物館」」（同上）であり、次の４点に取り組むとしている。それは、①（生き物への共感・関心、次世代育成）自然といのちを大切にし、日本の文化や自然観をひきつぐ次世代を育て、子どもたちが自然への扉を開き、いのちの不思議を感じる場としての充実を図る。②（動物福祉、展示を通じた学習）いきものにとって快適な環境づくりに努める。訪れるすべての人がいのちの素晴らしさを学び、自然への関心を喚起させる展示を実現する。③（繁殖、研究、保全）いのちの奇跡をつなぐ保全センターとしての役割を果たす。国内外の園館や関係機関と連携をし、絶滅が危惧される生きものの研究に取り組む。④（市民協働、個性化）それぞれが個性豊かな喜びと学びの園と館になる。世界中にひとつしかない園館を、地域のひとたちに支えられ、ともに歩み、ともに創りあげる（同上）というものである。

　大都市圏にあって自然と触れ合う機会の難しい日々の中だからこそ、「いのちを考える場」としての動物園の意義が見出されるのではないだろうか。

（２）「生物多様性」を考える場として

　先に紹介した千葉市科学館・千葉県立中央博物館・千葉市動物公園の３館園連携企画のように、大都市圏には、多岐にわたる教育リソースが存在しており、それぞれの特徴を有効活用することによって、一つの施設ではなしえない教育プログラムを展開できる。こうした大都市圏ならではの特徴を活かしながら、ふだんの生活ではなかなか思いを馳せることのない生物の多様性

第3部　様々な学習機会　大都市圏の豊富な教育資源をどう活用するか

を見つめることが大都市圏における動物園の意義なのではないだろうか。

　2012年度の「千葉市科学館・千葉県立中央博物館・千葉市動物公園　連携企画　ちば生きもの科学クラブ（2012年）〜ちばジカプロジェクト〜」[8] は、千葉県立中央博物館が実施した企画展「シカとカモシカ—日本の野生を生きる—」に端を発している。ニホンジカとニホンカモシカは日本の野生動物を代表する2大草食獣であり、この企画展では、下北半島や房総半島での長年の研究成果をふまえ、実物標本、映像、生態写真などでシカとカモシカを多角的に紹介した。日本や世界のどこかで野生動物たちが生きていることを感じ、野生動物と人間の関係について考えるきっかけとしてほしい、という願いがこの企画展に込められていた [9]。

　千葉県立中央博物館に生体はいないため、「ちば生きもの科学クラブ」では千葉市動物公園において、シカ科であるトナカイを実際に観察した。シカ科の仲間は、一年に一度自然に落角する。一方、カモシカはウシ科であり、生涯角が抜け落ちることはない。こうした角の違いを理解してもらうために、トナカイに生えている角を観察しスケッチしたり、すでに落角したトナカイの角をヘルメットに装着した教材を用いて、実際に頭にかぶり、その重さを実感したりした。

　一方、千葉市動物公園で「トナカイの角のスケッチ」や「トナカイの毛を入手」し、千葉市科学館で「毛を電子顕微鏡で観察」など、全部で4つのアクティビティをワークシートにして、期間中、「ワークラリー（シカ探調査隊〜トナカイを調査せよ！〜）」として一般の方も参加できるようにした [10]（針谷ほか 2017：10）。

　なお、プロジェクトの一環として、一般来館者（来園者）にこれまでの活動と関連の展示を相互に行い、各施設を紹介する「紹介展示」を行った。

　このように、様々な標本を博物館で見学し、実際に生きた本物の動物を動物園で観察し、科学館で電子顕微鏡をのぞき、生息地環境に適した体のつくりを理解するといった、それぞれの園館の持つ特徴を活かすことで、生物多様性についてこれまで一つの園館では成し得なかったプログラムを実施する

144

第 10 章　大都市圏の動物園における環境教育・ESD の可能性

ことができる。大都市圏内にある施設が協力し合うことでこれまでになかった実践がさらに生まれていくことを筆者は期待している[11]。

5　おわりに

　動物園は多様な命ある生きものが存在している施設であり、これが一般的な博物館とは大きく異なったところである。例えば、一都三県（東京都・神奈川県・埼玉県・千葉県）でJAZAに加盟している動物園は、千葉市動物公園以外にも、恩賜上野動物園をはじめ、18もの動物園が存在する[12]。

　以上、動物園同士による協力体制や、博物館等との連携を深めることにより、従来一つの園館では成し得なかった活動を展開できることを本章で示した。課題としては、こうした連携は同じ地方自治体の中ではやり易いが、ひとたび異なる自治体と実施しようとしたときに困難が伴う場合が少なくない。しかし、それぞれの園館が独自に持っている特色ある活動を互いに連携させることで、メタ博物館的な活動ができることを再度強調しておきたい。特に環境教育やESD分野ではこうした協力的な活動が益々重要となると考える。

　最後に、本文の執筆にあたり千葉市科学館、千葉県立中央博物館、千葉市動物公園のみなさまのご指導を賜った。ここに改めて御礼申し上げる。

注
（1）訳文は筆者による。
（2）http://www.env.go.jp/press/18971.html（2017年5月14日最終確認）
（3）http://www.metro.tokyo.jp/INET/OSHIRASE/2012/03/20m3tk00.htm（2017年5月14日最終確認）
（4）3館園連携企画を行うにあたり、以下の助成を千葉市科学館が受けている。
　　JST科学技術コミュニケーション推進事業ネットワーク形成　先進的科学館連携型（2012年度〜2014年度）
　　（財）全国科学博物館振興財団　科学系博物館活動等の助成（2013年度）
　　（公財）中谷医工計測技術振興財団　科学教育振興【プログラム】助成（2015〜2016年度）
（5）https://www.nakatani-foundation.jp/wp-content/uploads/p04_h27.pdf（2017年5月14日最終確認）

145

第3部　様々な学習機会　大都市圏の豊富な教育資源をどう活用するか

（6）独立法人科学技術振興機構が主催しているイベントであり、「科学と社会をつなぐ」広場（アゴラ）となることを標榜し、2006年より毎年行われている。http://www.jst.go.jp/csc/scienceagora/（2017年5月14日最終確認）

（7）http://www.chibashi-science-festa.com/news/2012/11/2012-4.html（2017年5月14日最終確認）

（8）この連携企画の構造としては、プロジェクトの中に「ちば生きもの科学クラブ」・「ワークラリー」・「紹介展示」の3つがあるという位置づけとなっている（針谷ほか 2017：9）。

（9）http://www2.chiba-muse.or.jp/?page_id=640（2017年5月14日最終確認）

（10）http://www.chibashi-science-festa.com/event2012/gazou/『ちばジカプロジェクト』シカ探指令書%201.jpg（2017年5月14日最終確認）

（11）平成27年度に実施した「コウモリ」の活動から、千葉市科学館・千葉県立中央博物館・千葉市動物公園に加え、千葉市立中央図書館、千葉県立千葉工業高等学校が加わった。これにより、千葉市立中央図書館の司書の方から「調査研究を行うにあたっての図書館の活用の仕方」を、千葉県立工業高等学校の教諭からは「バットディテクター」（コウモリ探知機とも呼ばれる。コウモリが出す超音波を検出し、人間の可聴領域にまで変換することができる。）の作り方を指導していただくことができた（針谷ほか 2017：15-18）。今後さらに様々な施設と協力し合い、この連携企画が充実することを筆者は期待している。

（12）http://www.jaza.jp/z_map/z_seek03z.html（2017年5月14日最終確認）

引用参考文献

阿部治「持続可能な開発のための教育（ESD）とは何か」（佐藤真久・阿部治編著『ESD入門』筑波書房、2012年）9～23ページ

阿部治「まえがき」（日本環境教育学会編『環境教育とESD』東洋館出版社、2014年）i～iiページ

de Britt, Melissa "ARAZPA Education Policy", *Journal of the International Zoo Educators Association*, No.39, 2003, pp.6～7

公益社団法人日本動物園水族館協会編『2015年事業概要』（公益社団法人日本動物園水族館協会、2015年）

針谷亜希子・松尾知・實川純一・佐山淳史企画・編集『地域の博物館をつないで学ぶ　ちば生きもの科学クラブ報告書』（千葉市科学館、2017年）

IUDZG/CBSG（IUCN/SSC）*The World Conservation Strategy; The Role of the Zoos and Aquaria of the World in Global Conservation*, Chicago Zoological Society, 1993

齋藤勝「動物園概論」（社団法人日本動物園水族館協会教育指導部編『新・飼育ハンドブック動物編　第3集　概論・分類・生理・生態』社団法人日本動物園水族館協会、1999年）1～32ページ

第11章　大都市圏と森林をつなぐ
新しい教育資源の可能性
―機会の限られた自然体験を補完・拡張する
映像音声アーカイブの活用―

中村　和彦

1　はじめに

　大都市圏においては、改めていうまでのことでもないが、自然体験の機会
は限られている。これは単純に、豊かな自然体験が可能な森林等のフィール
ドが生活圏から遠距離に位置するという、空間的制約があることに起因して
いる。では、なぜこの状況が問題となるのだろうか。普段の生活で強く意識
することは少ないが、自然は刻一刻と常に変化している。つまり、たとえ遠
方のフィールドに赴く機会を幸運にも得られたとしても、そこで体験できる
のは、自然の移ろいのごく一部に過ぎない。身近な事例として、紅葉狩りを
想像してほしい。特に山の紅葉について、その見頃を狙って赴くことが難し
いことは、容易にイメージできよう。他にも、森の中を歩いているときにふ
と耳にした、まるで歌うかのような可憐な鳥の囀り。思わず「もう一度鳴い
てほしい！」と思った経験はないだろうか。このように、自然は様々な移ろ
いが折り重なって、数十年、数百年にわたる悠久の時を刻んでいる。

　昨今話題となる、気候変動や生物多様性といった種々の問題の多くに際し
ては、自然を長い時間スケールで捉えることが重要となる。現代に生きる我々
は、自然の移ろいのごく一部の体験から、自然の悠久の移ろいに想いを馳せ
ることを、求められているともいえる。このような状況で、我々はどうすべ
きだろうか。ここでは、刻一刻と移ろう自然を見逃さないために山へ移住す
る、等の極論は避ける。考えるべきは、現実的に大都市圏に暮らす私たちが

147

第3部　様々な学習機会　大都市圏の豊富な教育資源をどう活用するか

持てる数少ない自然体験の質を、いかに向上させるかである。刻一刻と移ろう自然は、常に数多くの情報を発信している。数少ない自然体験の機会において、五感を存分に働かせてその多種多様な自然の情報を収集することが、何よりも自然体験の質の向上に繋がる。しかし、可憐な鳥の囀りを自分の聴覚は捉えたとしても、隣の人の耳には届いていないかもしれない。自然に対して五感を鋭敏にすることは一種の技術であり、個人個人でその鋭敏さは異なる。また、決して一朝一夕に習得できるものでもない。その結果、多くの人にとって自然体験の機会の中で得られる情報は、ごく限られたものになっているのが現状である。

　ここで、この問題を擬似的な体験によって補うことを考える。すなわち、人間の五感を代替するツールとしての、画像と音声の記録の活用である。人間の五感そのものは、その人の意志によって働きが支配されている。しかし、カメラやマイクは常に客観的であり、雨が降ろうが風が吹こうが、ひとたび設置し設定しさえすれば、淡々と同じ条件で自然の画像と音声を捉え続けてくれる。そんなカメラやマイクによる自然の記録を、約20年にもわたって継続しているプロジェクトがある。「サイバーフォレスト」と称されるこのプロジェクトによって、埼玉県の東京大学附属秩父演習林をはじめ全国各地で画像と音声の記録が現在も行われている。この「サイバーフォレスト」によって積み上げられた約20年にもおよぶ期間の画像と音声のアーカイブを活用して、自然体験において人間が五感で直接捉えきれないかもしれない自然の情報を補うことを、事例を挙げながら考えていきたい。

2　サイバーフォレスト
―画像と音声による森林情報のアーカイブ―

　サイバーフォレストは、藤原（2004）によって提唱された概念的枠組みで、大都市圏のような遠隔地にいる人が現地にいる人と同じように現地の情報を収集できるよう構築されるインターネット上の仮想的森林である。遠隔地か

第11章　大都市圏と森林をつなぐ新しい教育資源の可能性

ら現地にいるかのように情報を得るためには、現地で人間の五感によって捉えられる感性情報が不可欠となる。感性情報とは例えば、画像や音声といった、人が直感的に把握できる方法で記録された情報である。

サイバーフォレスト研究プロジェクトでは、東京大学大学院農学生命科学研究科附属演習林秩父演習林を対象地として、1995年から画像（動画）の記

図11-1　天然林樹冠部のカメラとマイク
（東京大学秩父演習林内。写真右上にカメラ、下部の中央から左にかけて2本のマイク。）

録を、1998年から音の記録を始め、現在まで継続している。カメラとマイクは2箇所に設置されており、1箇所は谷を挟んで1kmほど離れた対岸の人工林と自然林の森林景観を、もう1箇所は地上高約25mの鉄塔上でブナ・イヌブナ林の樹冠部（**図11-1**）を、それぞれ主な記録対象としている。これらの場所は商用電源が確保できない山間部のため、ソーラーパネル等を用いた自家発電を行い、24時間連続ではなく限られた時間帯の記録となっている。開始当初より続いているのは、午前11時30分頃から約30分間の画像と音声の記録で、最近では当初より電源が豊富に確保できるようになり、早朝や深夜にも記録を行っている。いずれにしても、1日の移ろいを細く観察することはできないが、日々の同じ時間帯の記録を連続的に見ることで季節の移ろいを観察することは可能となっている。そして、こうした厳しい環境の中、地道にメンテナンスを続けること20年になり、森林の20年間の変化も観察することができるようになった。また、当初はテープ媒体に記録された動画を現地まで回収しに行く必要があったが、2007年からはインターネット回線を通してその日の画像と音声が伝送され、すぐにデータを確認できるようになった。現在は衛星インターネット回線によるブロードバンド通信も可能となり、リアルタイムの画像と音声がインターネットで視聴できる「ライブモニタリング」も運用されている。

第３部　様々な学習機会　大都市圏の豊富な教育資源をどう活用するか

　こうして約20年にわたり秩父演習林で培われてきた感性情報記録のノウハウを活かし、2011年より記録地点の拡大を始め、以下６箇所の「ライブモニタリング＆アーカイブ」地点が追加された。

　東京大学大気海洋研究所国際沿岸海洋研究センター（岩手県大槌町）：2011年運用開始。撮影対象は、「ひょっこりひょうたん島」のモデルとなった蓬莱島を中心とした沿岸景観。

　信州大学志賀自然教育園（長野県山ノ内町）：2011年運用開始。撮影対象は、標高約1,600mのシラカバやダケカンバを中心とした亜高山帯森林景観。

　東京大学大学院農学生命科学研究科附属演習林富士癒しの森研究所（山梨県山中湖村）：2012年運用開始。撮影対象は、カラマツを中心とした森林景観。

　千葉県立中央博物館生態園（千葉県千葉市）：2013年運用開始。撮影対象は、園内にある舟田池を中心とした水辺景観。

　三陸復興国立公園船越大島（岩手県山田町）：2014年運用開始。撮影対象は、オオミズナギドリの営巣地となっている無人島の森林景観。

　東京大学大学院農学生命科学研究科附属北海道演習林（北海道富良野市）：2014年運用開始。撮影対象は、原生状態が保存されている前山保存林の森林景観。

　以上、1995年より運用されている秩父演習林の２箇所に近年の６箇所が加わった、計８箇所の「ライブモニタリング＆アーカイブ」によるデータは、「Cyberforest for Environmental Education」（CF4EE）と称するウェブサイトにおいて即時公開されており、環境教育をはじめとしてあらゆる目的で活用することが可能となっている。このウェブサイトでは、各記録地点に設置されている気象センサの観測値も表示するなど、現地情報を集約することを目指している。遠隔地から現地で得られる情報を全て収集できるとするサイバーフォレストの概念を完全に達成するには程遠いかもしれないが、そのはじめの一歩として、長期的な運用を視野に入れたメンテナンスを継続している。

第 11 章　大都市圏と森林をつなぐ新しい教育資源の可能性

3　省察的補完―直接体験時に気づけなかった現象の観察―

　1995年から運用が開始され、現在では日本国内の8箇所で運用されている、サイバーフォレスト研究プロジェクトのライブモニタリング＆アーカイブ。これによってもたらされる、自然を記録対象とした画像と音声のアーカイブによって、冒頭に挙げた問題はどのように解決されうるだろうか。すなわち、多くの人にとって自然体験を通して得られる情報がごく限られたものになっている現状に対して、画像と音声のアーカイブによる擬似的な体験は何をもたらすのだろうか。

　信州大学志賀自然教育園の記録地点は、ハイキングコースの1つである池めぐりコースがすぐ近くを通っている。そのため、夏の行楽シーズンには、学校行事で多くの子どもたちが記録地点の近くを歩いて通過していく。2013年の夏、東京都から志賀高原へ来て池めぐりコースを歩いた直後の中学校第1学年の生徒に対して、幸運にも講演を行う機会を得た。そこで、この生徒たちが歩いた時間帯の録音を聴かせてみようと思い立った。志賀自然教育園の音声アーカイブを探すと、生徒たちが大きな声で喋りながら歩いている様子がしっかりと捉えられていた。そして、その録音の背後には、鳥の囀りやセミの鳴き声が確かに聞き取れたのである。これは、生徒たちが現地を歩いたときには聞き逃したであろう音を振り返ることができる"教材"になると確信した。果たして、この音声教材を聞いた生徒たちの感想は、例えば次のようなものであった。

　　　音を聞いて、わたしたちの声は大きいなと思いました。東京の音は人の声や車の走る音などだと思います。それで改めて志賀高原が東京と違い、自然にあふれていることを実感しました。
　　　あまり、音を意識してなかったけど、言われてみれば水の音や、鳥の声が聞こえていました。今度はもっと森の音に耳を傾けてみたいです。
　　　実際に音を聞くと鳥の鳴き声や虫の音がたくさんあるんだな～と思いました。

151

第3部　様々な学習機会　大都市圏の豊富な教育資源をどう活用するか

　昼食の時もしゃべっていて聞こえなかったけど、色々な虫の鳴き声が聞こえてい
たんだなとわかりました。自然のすばらしさがよくわかり、この自然を守りたいと思
います!!
　山で聞こえている音は実際私達が聞いている音より大きく、色々な音がきこえ
ているんだなあ、と思いました。つまり、私達はかなりうるさい音をたてている、
と感じました。

　このように、少なくとも何人かの生徒たちは、こちらの意図どおりに、現
地で十分に聞き取れていなかった音を認識することができたようだった。自
分たちの声に混ざって鳥やセミの声が聞こえている録音によって、それが確
かにその時に現地で鳴っていた音だと強く認識できたのかもしれない。この
ように、今回用いた音声教材は、"確かにその時にその場でその音が鳴って
いたという事実を過去に遡って認識する"という効用があり得ると考えられ
る。これを、自然体験の「省察的補完」と呼びたいと思う。つまり、今回用
いた音声教材は、生徒たちの自然体験の質を、省察的補完という形で向上さ
せたということになる。
　省察的補完の効用が発揮されたと考えられる事例を、もう一つ紹介したい。
舞台は変わり、山梨県山中湖村の東京大学大学院農学生命科学研究科附属演
習林富士癒しの森研究所にて体験学習を行った小学校第5学年の児童に対し、
こちらは直後ではなく1か月ほど経過してから、志賀高原の例と同じように、
児童らが体験学習を行っていたときの録音を聞かせた。それに対する反応に
は、次のようなものが含まれていた。

　富士いやしの森では、鳥の声や、葉がゆれる音などは、きにしていなかった
けど、思い出してみると、「あっ！　そうだったね!」というはっそうが産まれました。
思い出してみると、たくさんの音や鳴き声などが聞こえてきたなぁーとあらためて
思いました。
　いったとき、とりのこえしかきこえなかったのに耳をかたむけてみると風の音やと
おくからきこえる虫のなきごえやいろいろな音が聞こえてきた。
　校外学習はうるさくて、あまり耳をすましていなかったけど、スクリーンで見たとき、

第 11 章　大都市圏と森林をつなぐ新しい教育資源の可能性

こんなにも、自然の音や風の音など……いっぱい "音" を見つけました。
　鳥の声と虫の声と雨の音がきこえました。みんなで回っているときはみんながうるさかったのであまりきくことはできませんでした。DVD ではよくきけました。

　自然体験の省察的補完は、自然体験の典型的形式である集団トレッキングおよび集団フィールドワークの弱点を補うという点で、とりわけ重要な役割を果たせると考えられる。先の事例に挙げた中学生たちも同じだが、トレッキングやフィールドワーク等の "歩く・活動する自然体験" の場合、人間の五感は第一に歩く際の安全を確保するために使われる。さらに、特に聴覚については、集団で歩くため同行者との会話に向けられることが多くなり、なおさら自然の音へ意識を向けることは難しくなる。本来、自然が発する情報を五感で受け取るためには、安全な場所に一人で身を置き、五感を意識的に自然へと向けることが望まれる。しかし、集団で歩く場合は、このような状態を作り出すことがそもそも難しくなる。一方で、音に限っていえば、マイクは常に環境音を捉えているので、現地を離れた後でも、遡ってその場の音に意識を向けるチャンスが生まれる。

　ただし、マイクを通して録音された音声は、現地で聴覚を通して受け取った音声とは、本質的には異なるものである。それは、"自分が現地にいるときに聞けるはずだった音" をその人の主観に忠実に再現したものではなく、"自分が現地にいた時の音環境" を客観的に記録したものである。つまり、録音がもたらすものとは、その時のその場に戻ってもう一度聞くという再体験ではなく、その時その場で確かに鳴っていた音を認識するという省察、つまりは "振り返り" なのである。自分が体験した時間と空間について、客観的に記録された音声等の情報を通して省察的に補完することで、単なる擬似的な再体験ではなく、自分の確かな自然体験そのものの質を向上させる可能性が生まれるのである。

153

第3部　様々な学習機会　大都市圏の豊富な教育資源をどう活用するか

4　時空間的拡張—直接体験が困難な現象の観察—

　画像音声アーカイブの可能性について、ここまでは、機会の限られた自然体験そのものの質を向上させる、補完的な効用について考えてきた。しかし、冒頭に挙げた問題の解決の糸口はまだ見えない。自然の移ろいのごく一部の体験を質的に向上させたうえで、そこから自然の悠久の移ろいに想いを馳せてもらわなければならない。これは、大都市圏に暮らす人々にとっては直接の体験による方法がそもそも困難である、という前提に立って考えていく。したがって、画像や音声を用いた擬似的な方法によって、時間と空間の制約を超えた自然体験をしてもらうという方向性となる。

　さて、数十年から数百年といった期間で高頻度に記録された自然の画像や音声があったとして、果たして我々はそれらを積極的に見たり聞いたりしたくなるだろうか。自然の移ろいというものは、私たちの生活のスピードと比べると、ごくごく緩やかな変化である。つまり、長期間にわたって高頻度に淡々と記録された映像や音声そのものは、基本的にそのまま見聞きしても代わり映えしない "つまらない" ものなのだ。特に今回は、直接の自然体験の機会がごく一部に限られた状況を想定している。ほんの1回、2回の自然体験を契機として、数十年といった長期間の移ろいに興味を持ってもらうには、いきなり全てを見せるのではなく、いくつかの段階を踏んでいく必要があるのではないか。これが、時間の制約を超えるための課題であると考えられる。

　こういった発想で、どのような段階を踏むことが望ましいかについて、主に小学校の先生方に意見を聞きながら、何度かの授業実践を重ねて、少しずつ方針が見えてきた（中村・斎藤 2014）。それは、画像や音声のアーカイブを用いた教材によって学ぶ子どもたち、すなわち学習者が、日常生活の中で自然の移ろいに関してどの程度の認識を有しているかを考慮すべきというものである。仮に、多くの学習者（ここでは特に小学生）にとって、自然の移ろいに関する認識とはせいぜい春夏秋冬の四季程度と考えることが妥当だと

第11章　大都市圏と森林をつなぐ新しい教育資源の可能性

するならば、たとえ画像と音声のアーカイブが数十年間に及ぶものであっても、まずはそれを用いて四季の移ろいを観察させるような教材から提示すべきということだ。

　このような考えのもとで開発された教材が、『四季並べ替えクイズ』[1]である。これは、東京大学農学生命科学研究科附属演習林秩父演習林（以下「秩父演習林」）の定点映像から、各季節の特徴的な事象（ウグイスの囀り、桜の開花、セミの合唱、紅葉、降雪など）が観察できる8つの日の映像をピックアップし、時系列順をランダムにして撮影年月日を伏せ、A～Hの記号のみを付した8枚のカードである（図11-2）。児童はカードおよびそれに対応する映像から得られる情報を頼りに、A～Hの時系列順を考える。このとき、児童は自身の有する季節認識（多くの場合は、春夏秋冬の四季）をもとに考えることになる、というわけである。もっとも、個々の季節認識には差があることが想定されるため、単に個々が正解にたどり着けるかどうかではなく、グループ等で意見を出し合いながら答えに近づいていく協同学習の形式を取ることが望ましいだろう。

　こうして、四季という児童の既有認識に基づいた教材から提示し、その後により長期間を観察する教材を提示することになる。ここでは、『四季並べ替えクイズ』と内容的に繋がりのある教材を続けて提示することが肝要である。その一つとして開発されたのが『サクラ満開日の観察』[2]である。これは単純に、秩父演習林の定点映像が撮影しているカスミザクラの花を、撮影当初から現在までの20年間にわたって観察し、その開花タイミングの年々の変化を把握するものである。単純な観

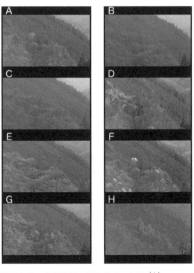

図11-2　四季並べ替えクイズ[1]

第3部　様々な学習機会　大都市圏の豊富な教育資源をどう活用するか

察ではあるが、サクラ開花のタイミングは、その年の気温の影響を強く受けるので、20年間の気候変動が生物に及ぼす影響にまで考えを巡らせることも可能となる、拡がりのある教材である。もっとも、気候変動の時間スケールの観点からは、20年間は短いものであり、経年変化の傾向を掴むには十分でないことに留意する必要がある。したがって、この教材が最も伝えるべきは、気候変動の生物への影響を把握するためには50年・100年といった長期間の観察が必要であり、そのためには地道な観察や記録にも大きな意義があるという点であろう。

　以上のように、学習者の既有認識に基づいた教材から始めることと、それに内容的な繋がりのある教材を続けることの2点を、方針として挙げた。これらによってもたらされるものを、画像と音声のアーカイブが有する時空間的拡張の効用と呼ぼう。ただし、これは長期間にわたる画像と音声のアーカイブの教材化に関して、どちらかというと一般的に言えることの部類に入るだろう。そこで、いま一度、確認しよう。今回は、自然の移ろいのごく一部の体験から悠久の移ろいに想いを馳せてもらうことを目指している。つまり、出発点はあくまでも、自然体験そのものでなければならない。この直接的な体験の質を、先に述べた省察的補完によって向上させたうえで、さらに上記2点の方針に留意した時空間的拡張によってさらに向上を図るべきである。学習者の直接の体験に基づかなければ、いくら自然の悠久の移ろいに想いを馳せることができても、それを自分自身の問題として認識することが難しいからである。

5　大都市圏における環境教育・ESDの充実に向けて

　今回掲げた "悠久の自然の移ろいに想いを馳せる" という目標について、どの程度まで達成されうるかという点を、ESDの観点から最後に考えたい。

　ここでいう悠久とは、少なくとも百年を超える期間を指す。なぜなら、昨今世界的な課題となっている気候変動や生物多様性等の問題は、百年を超え

156

第 11 章　大都市圏と森林をつなぐ新しい教育資源の可能性

る時間スケールで自然を捉えることを求められるからである。この観点では、現時点で高々 20 年程度の画像音声アーカイブしか存在していない時点で、まだまだ不十分と考えるのが妥当だ。したがって、現時点で達成すべき目標をもう少し現実に即したものにするならば "画像音声アーカイブを百年以上続けていく重要性を理解してもらう" というものになるのかもしれない。

　このことは、やや大げさかもしれないが、自然と人間の関係を再考する必要を私たちに迫るものとも考えられる。冒頭でも述べたように、悠久の自然の移ろいを観察するために、豊かな自然の中で生活するのか、あるいは都市に自然を持ち込むのか。それらを否定するわけではないが、ここでは必ずもそれだけが残された道だとは考えない立場を取る。つまり、直接体験を基礎としつつ、サイバーフォレストの観察によってそれを補完し拡張するという、新しい自然と人間の関係の構築の可能性を考えていきたいのだ。例えば、東大秩父演習林に 1 回でも行ったことがあれば、1995 年からの画像と音のアーカイブは、その人と特別な関係をもって繋がり得る。

　また、より身近な自然と関連させた大都市圏での環境教育・ESD の可能性として、各学校にあるサクラの定点観測を行い、その結果をサイバーフォレストのデータと比較するという方法も考えられる。開花期に一般的なデジタルカメラやタブレット端末等を用いて児童・生徒が自ら毎日撮影を行うのが体験としては理想的であるが、時期やカリキュラム等の都合で困難であれば、毎日定点で自動撮影が行える市販のカメラ（Brinno 社 TLC200 等）を活用する方法もある。こうして撮影された画像データを用いれば、日常の中で見逃しがちな開花から満開、落花に至るまでの細かな植物の変化を観察できる。そのうえで、ウェブサイト『CF4EE』で公開されている教材『サクラ満開日の観察』[2] で秩父演習林のサクラと比較することで開花時期の差異に気付き、その原因として気象条件、ひいてはヒートアイランドや地球温暖化といった、環境教育・ESD の根幹的テーマにも繋がっていくだろう。

　いずれにしても、限られた自然体験を大切にし、それを基礎として、今や日常となったインターネットの上で擬似的に自然の長期的な変化を観察して

157

第3部　様々な学習機会　大都市圏の豊富な教育資源をどう活用するか

いく。これが、持続可能な自然と人間の関係を築いていくにあたっての、現代人の自然体験の在り方の一つだと考えている。

6　おわりに

大都市圏に暮らす人々が、機会の限られた自然体験の質を向上させ、果ては悠久の移ろいに想いを馳せてもらうことを目指して、画像音声アーカイブの可能性について検討してきた。その中で主に2つ、"確かにその時にその場でその音が鳴っていたという事実を過去に遡って認識する"という省察的補完によって自然体験そのものの質を向上させるという効用と、この自然体験を時空間的に拡張する効用の可能性について述べた。

なお、今回挙げた事例に限っていえば、前者が主に音声によって、後者が主に画像によって、それぞれ発揮されているのは、特筆すべき事項である。なぜなら、その記録方法が五感のどれに対応するかによって、主に発揮される効用が異なる可能性があるからだ。今回は五感のうち視覚と聴覚に対応する記録方法として画像と音声を取り上げた。今後は、嗅覚・触覚・味覚に対応する記録方法についても検討される可能性があるが、それらの効用が今回挙げた省察的補完と時空間的拡張の範囲に収まるものなのか、あるいは別の効用を有しうるのか、両面からの検討が必要となるだろう。

注

（1）http://cf4ee.nenv.k.u-tokyo.ac.jp/drupal7/Yama_narabekae（2017年9月25日最終確認）

（2）http://cf4ee.nenv.k.u-tokyo.ac.jp/drupal7/kasumizakura（2017年9月25日最終確認）

引用参考文献

藤原章雄「マルチメディア森林研究情報基盤「サイバーフォレスト」の概念構築と有効性の実証的研究」（博士論文、東京大学、2004年）

中村和彦・斎藤馨「映像アーカイブを素材としたフェノロジー観察教材の開発方針」（『環境教育』23巻3号、2014年）81〜92ページ

第4部

さまざまな主体の連携・協働・交流を
どのように進めるか

第12章　世界的潮流から見た都市域での環境教育・ESD
―マルチ・ステークホルダーの連携を通して―

早川　有香

1　はじめに

　持続可能な社会の実現に貢献する人材の育成、すなわちESDの推進には、教育セクターのみならず、社会の多様なステークホルダーとの連携が不可欠である。ESDにおけるマルチ・ステークホルダー連携の重要性は、これまでのESDに関連する国際的な論議の積み重ねを踏まえ、世界に広く共有されている。1977年の「環境教育政府間会議（トビリシ会議）」報告書以来、2015年に合意された「インチョン宣言」に至るまで、ESDに関連する国際文書等において、ESD推進におけるステークホルダーそれぞれの役割や相互連携の重要性が度々確認されている。とりわけ、政府や教育セクターのみならず、民間を含む多様なステークホルダーがESDをさらに推進していく存在であることの認知の高まりが指摘されてきた。2014年11月、国連ESDの10年（DESD）の締め括りと位置付けられたESDに関するユネスコ世界会議で採択された「あいち・なごや宣言」、そして2015年5月の世界教育フォーラムにおいて合意された「インチョン宣言」では、ポストDESDの基本的な方針が示されたが、いずれにおいてもESDの推進に向けたステークホルダー連携の重要性が明記されている。

　他の章でも述べられたとおり、大都市圏には豊富な教育資源が存在する。これは、知見や情報、人材等を含む多様なリソースを有する様々なステークホルダーが存在しているということである。持続可能な社会づくりを担う人材育成であるESDにおいては、学校等の教育を本業とする組織のみならず、非政府組織（NGO）や企業等を含むあらゆる組織がステークホルダーとな

160

第12章　世界的潮流から見た都市域での環境教育・ESD

りうる。こうした多様なステークホルダー間の連携を促進していくことが、ESDの発展的な推進のキーとなるだろう。本稿では、大都市圏におけるESD推進に必要不可欠であるマルチ・ステークホルダー連携に着目し、その促進のための取組を紹介する。

2　ESDにおけるステークホルダー

ESDは、「現代社会の課題を自らの問題として捉え、身近なところから取り組むことにより、それらの課題の解決につながる新たな価値観や行動を生み出すこと、そしてそれによって持続可能な社会を創造していくことを目指す学習や活動[1]」であり、持続可能な社会変革のために行動していける人材育成を目的としている。これはすなわち、知識やスキル習得のための教育から、社会課題解決型の教育への大きな転換を意味しており、まさに社会との密接な関わり合いなしには実現できないものである。これまでの学校教育においても、地域社会との連携による課外・体験学習や企業・NGOとの連携による社会科見学、出前授業等、様々な形態の取組がなされてきたが、ESDの掲げる持続可能な社会への変革を担う人材育成のためには、ステークホルダーがESDの担い手としてより主体的かつ継続的に取り組みに関わるような連携が必要ではないだろうか。

では、ESDにおけるステークホルダーには、どのような組織が含まれるのか、またどのような役割を担いうるのか。これまでのESDに関連する国際文書や宣言文等において、ステークホルダーの連携及びその役割という点に着目し、ESDにおけるステークホルダーの位置づけの変化についてレビューを行った結果、ESD推進のステークホルダーとして認知されるアクターの多様化、その役割の明確化、具体化と拡大という点において変化が見られた。

1977年の「環境教育政府間会議（トビリシ会議）」報告書では、ESDのリーディングエージェンシーであるUNESCOの果たすべき役割に関して、他の国連関連機関と連携しながら取組を推進する、という記述が中心的であっ

161

第4部　さまざまな主体の連携・協働・交流をどのように進めるか

た。ステークホルダーについては、環境教育の推進におけるNGOの貢献、またノンフォーマル教育の実施における官民連携の構築の検討という点について言及されているものの、かなり限定的なものであったと言える。1997年の「環境と社会に関する国際会議：持続可能性のための教育とパブリック・アウェアネス－テサロニキ宣言」において、持続可能性の実現に向けた行動様式及びライフスタイルの変化には適切な教育と意識啓発が不可欠であることを確認した上で、そのためには政府のみならず、学者、企業、消費者、NGO、メディア等による集団的な学びのプロセス、パートナーシップ、参加の平等、継続的な対話が求められていることが明記された。さらに、2009年の「ESD-UNESCO世界会議（DESD中間会合）」で採択された「ボン宣言」においては、訓練や職業教育、職場学習へのESDの統合に向け、市民社会、公的セクター、民間セクター、NGO、開発パートナーを巻き込んでいくことが求められた。2012年の「持続可能な開発のための環境教育政府間会合（トビリシ＋35）」成果文書では、会合の参加国政府のみならず、ステークホルダーに期待する役割についての具体的な記述が16項目にわたり記述された（para. 25-40）。

　ESDにおけるステークホルダーの位置づけは、ESDの進捗とともに変化してきたことが考察できる。初期の頃は、UNESCOや加盟国政府のリーダーシップの下、政策的枠組みを中心とするESD推進のための基盤整備に関する記述が多かったことから、Policy-setting phaseであったと言える。近年になると、そうした政策的基盤や一定の取組推進の成果をベースとして、さらなる実践促進や取組発展のためのより実質的なステークホルダー連携に焦点が移ってきたことが読み取れる。

　このように、ステークホルダーがその具体的な役割とともに、ESDの推進主体として明確に位置づけられるようになったことが明らかになった。こうした国際論議の蓄積が、ESDにおけるマルチ・ステークホルダー連携の重要性という認識の共有に貢献してきたと言える。

　ステークホルダーの連携は、国内外でのESD取組のみならず、国際的な政

第12章　世界的潮流から見た都市域での環境教育・ESD

策の意思決定プロセスにおいても見られるようになった。例えば、2005年から開始されたDESDは、日本政府とNGOの共同提案されたものであった。さらに、DESDの実施によって各国、各地域においてESDが普及していく中で、ESD政策の意思決定に積極的に関わろうとするステークホルダーにも広がりが見られるようになった。それを裏付けるものとして、2014年のESDに関するUNESCO世界会議では、名古屋での本会議に先立ち、岡山でステークホルダー会合が開催され、ユネスコスクール[2]やユース、ESDに関する拠点（RCE）関係者等、国内外から多様なステークホルダーが集結し、ポストDESDに向けた宣言文等を取りまとめ、本会議へと引き継ぐアプローチが実施された[3]。また、教育関係者のみならず、公民館やコミュニティ学習センターが「岡山コミットメント（約束）2014〜コミュニティに根差した学びをとおしてESDを推進するために、「国連ESDの10年」を超えて」を、さらにESDに関心の高い企業が「企業によるESD宣言」をそれぞれ取りまとめ、継続的、発展的なESDへの取組の意志を表明した。このように、ステークホルダーによるESDへの関わり方も、学校の授業への支援からESDに関するビジョンや政策等の意思決定プロセスへの主体的な関与まで広がりが見られるようになった。

3　ESDにおけるステークホルダー連携の事例

　世界的にESDを広める契機となったDESDであったが、そのリーディングエージェンシーであるUNESCOは、ESDに取り組む主体同士の学び合いやこれからESDに取り組む参考としての情報共有を企図して、ESD優良事例集を取りまとめた。本節では、欧州を中心とする国連欧州経済委員会（UNECE）地域のESD優良事例集（UNESCO 2007）について、ステークホルダー連携の観点から考察することにより、ESD取組におけるステークホルダー連携を概観する一助としたい。

　UNECE地域におけるESD優良事例集は、加盟国及びステークホルダー間

第4部　さまざまな主体の連携・協働・交流をどのように進めるか

表 12-1　UNECE 地域における ESD 優良事例の選定基準

① 持続可能な開発のための教育及び学習への焦点
② 革新性
・ 持続可能な開発に関する地域の課題を見出す方法
・ プロセスを適切な教授と学習戦略に適応させる方法
・ 学習環境と地域コミュニティとのつながりを創出する方法
・ その土地の知識と文化を統合する方法
・ 地域での ESD の取組の起点を取り入れるカリキュラム開発のプロセス
③ 独自性
・ 生活水準や個人・団体・コミュニティの生活の質に対するプラス影響及び実際的な効果
・ 異なる社会的主体・セクター間のギャップを埋めるとともに、新しいパートナーを活動に巻き込む
④ 生活状況改善への持続的効果
・ 持続可能な開発の経済・社会・文化・環境要素の統合
⑤ 政策やイニシアティブ創出のモデルとしての潜在性
・ トランスディシプリナリーかつセクター横断的で効果的な連携方法の提供
⑥ 専門家及び関係者による革新性、成功、持続性の評価のための要素の提供

出典：UNESCO（2007）に基づき筆者訳

の経験・知識・解決方法の共有を通じて、相互に学びあいながらESDを推進すること、そしてESDへの理解と活動の方向性及びESD戦略の実施における課題を見出すための参考にすることを目的として収集された（UNESCO 2007）。優良事例を選定するための基準は、**表12-1**のとおり6項目から構成された。中でも「異なる社会的主体・セクター間のギャップを埋めるとともに、新しいパートナーを活動に巻き込む（こと）」や「トランスディシプリナリーかつセクター横断的で効果的な連携方法の提供」等、ステークホルダー間の連携も重要な評価項目とされていた。

　すべての優良事例（68件）におけるステークホルダー連携について、まずは各取組の主導的な役割を担う組織別に分類をしたところ、「政府主導型」、「民間主導型」、「国際機関主導型」、「学校主導型」、「官民連携主導型」、「地域ネットワーク主導型」に大別することができた。分析の結果、最も多かったのは「政府主導型」で全体のおよそ半数を占め、他の組織が主導している場合でも予算は政府関連組織による支援を受けていたことから、地域や国に関わらず、トップダウン・アプローチによってESDが普及、推進されてきた

第 12 章　世界的潮流から見た都市域での環境教育・ESD

表 12-2　UNECE 地域における ESD 優良事例の類型と主な取組内容

類型	主な取組内容
政府主導型	全国規模での学校教育への支援（カリキュラムへの ESD 導入支援、ESD 教育プログラムやツール開発、教育者育成）
民間主導型	ESD 関係者間や一般市民も活用できるネットワーク整備、教育ツール開発（ウェブを活用した事例が多い）
国際機関主導型	教育プログラムやツール開発（特に政策決定者向け研修の事例が複数）
学校主導型	教育プログラム開発、大学間ネットワーク形成
官民連携主導型	教育プログラム開発、ESD 推進のためのワーキンググループ設立
地域ネットワーク主導型	中・東欧地域環境センター（Regional Environmental Center）を中心とした教育支援（教育プログラムや教材開発など）

出典：UNESCO（2007）に基づき筆者作成

　ことが明らかになった。また、政府主導で実施されている事例の場合、より多くのステークホルダーと連携しながら取り組まれている傾向が読み取れた。さらに、対象とする範囲も政府は国全体への普及を企図する傾向があるなどの特徴が見られた。

　次に、それぞれの類型の取組の特徴について整理を行った（**表12-2**）。共通点として、教育現場でESDを実施するための教育プログラムやツールの開発が多く見られた。一方で、政府主導型では全国規模でのESD普及支援に力を入れる傾向が見られたこと、そして国際機関主導型では、政策決定者向けの研修開催が複数見られたことが特徴的であった。ステークホルダー連携に着目してESD事例を考察した結果、ESDというグローバルアジェンダの普及に向けた各ステークホルダーの役割を具体的な取組を整理することができた。グローバルからナショナルレベルの政策に落とし込んでいくための役割を国際機関が中心的に担い、国全体に普及させる方策や制度の整備等は政府の主導によって行われ、そして学習者とのインターフェースを学校や民間組織等が担うといったESD普及のための一連の流れが推察できる結果となった。

4　日本におけるマルチ・ステークホルダー連携促進のための取組事例

　本節では、日本のマルチ・ステークホルダー連携促進のための取組事例に

165

第4部　さまざまな主体の連携・協働・交流をどのように進めるか

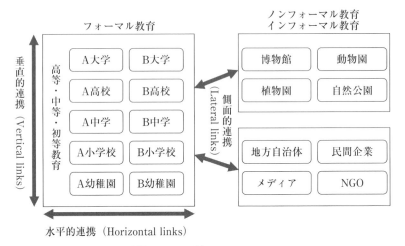

図12-1　RCEにおける連携のイメージ
出典：Global RCE Networkウェブサイトに基づき筆者作成

ついて紹介する。ESDは、各国の実情に鑑み「持続性」における優先課題に即した分野の教育に注力されるが、日本ではDESDの提案を契機に環境保全活動・環境教育推進法が制定されたことから、ESDと環境教育との親和性は高い（阿部 2014）。そのため、本節で紹介する事例の中には、より環境教育に焦点を当てた取組も含まれている。

　DESD開始当初から、マルチ・ステークホルダー連携によるESDを推進するための取組として実施されてきたのは、国連大学サステイナビリティ高等研究所（UNU-IAS）のイニシアティブによる「ESDに関する地域の拠点（RCE）」である。RCEは、地域でESDを推進するための多様なセクター間及び学際的パートナーシップであり、「地域の知識基盤」として機能することが目的とされてきた（UNU-IAS 2010）。**図12-1**のように、初等教育から高等教育に至るすべての教育レベルの連携（Vertical links）と個々の学校同士の連携（Horizontal links）に加え、ノンフォーマル教育に関わる地域の様々なステークホルダーとの連携（Lateral links）を可能とする知の拠点を構築するというコンセプトの下で進められている。RCEは、地域の多様なステークホ

第 12 章　世界的潮流から見た都市域での環境教育・ESD

ルダーのニーズや関心を、ESD推進方策に反映させる機能、そして地域とグローバルなビジョンをつなぐプラットフォームとしての機能を果たしてきた（UNU-IAS 2010）。2017年6月現在、世界で156のRCEが認定を受けており、日本では7地域が認定されている⁽⁴⁾。

　また、ポストDESDにおけるESDの推進に向けて、さらなるステークホルダー間の連携を促進するための取組として、2016年4月に「ESD活動支援センター」が設立された。ESD活動支援センターは、「ESDに関わるマルチ・ステークホルダーが、地域での取組を核としつつ、様々なレベルで分野横断的に協働・連携してESDを推進するための全国的なハブ機能の役割を担うことを目的」としており、ESD実践における情報共有や指導者養成の支援等を含む全国的なネットワークとして機能することが期待されている⁽⁵⁾。

　上述のマルチ・ステークホルダー連携促進の取組は東京に本部を置いているが、そのメンバーシップは国内外に広がっている。そしてそれぞれの活動の中心は各地域としながら、情報やノウハウの共有及び交流の機会を提供し、ESDのつながりや広がりを促進していく重要な機能を果たしていると言えよう。

　日本では文部科学省及び環境省によるESD推進のためのコンソーシアム事業も実施されてきた。近年では、文部科学省主導によるグローバル人材育成の推進とあわせて、ESDコンソーシアム事業が実施されている⁽⁶⁾。コンソーシアムは、教育委員会と大学等が中心となって形成されるもので、地域のユネスコスクールと共に活動を展開することで、ESDに取り組んでいない学校へのESDの普及を図るとともに、国内外のユネスコスクール間の交流を促進することによって、グローバル人材の育成につなげることを目的としている。ESDの基盤としてのユネスコスクールの拡大とネットワークの強化が期待されている。また、環境省による取組として開始された環境人材育成コンソーシアム（EcoLeaD）⁽⁷⁾は、持続可能な社会づくりに主体的に取り組む強い意欲、専門性、リーダーシップを兼ね備えた「環境人材」の育成のために、産学官民すべてのステークホルダーが参加し、情報の受発信や人的交流

第4部　さまざまな主体の連携・協働・交流をどのように進めるか

を可能とするプラットフォームとなることを目的としている。

このようなマルチ・ステークホルダー連携を促進するための取組は、ESDに関わるステークホルダーが大都市圏に集まる様々なリソースを有効活用することを可能にするとともに、大都市圏と地方をつなぐ役割も担った重要な仕組みである。こうした仕組みを有効に活用しながら、個々の活動を発展させていくことが、ESDを持続可能な社会づくりの確固とした基盤として強化していくための一つのキーとなるであろう。

5　大都市圏における環境教育・ESDの充実に向けて

持続可能な社会は、人類共通の目標であり、その実現のために解決すべき課題は多岐に渡る。社会経済活動を行うすべての組織・個人が、そのステークホルダー（利害関係者）であるといっても過言ではない。大都市圏における環境教育やESDを通じて持続可能な発展を担う人材を社会全体で育成していくためには、あらゆるステークホルダーが主体的に関与していくことが重要である。企業やNGO、国際機関等が持つ経験知やノウハウは、教育機関にはない貴重な教育資源となりうる。しかしながら、事業の目的や内容の異なる主体がうまく連携し、それぞれの有するリソースを有効に活用していくためには、それを促進する仕組みが必要となる。様々なステークホルダーが継続的に「協働」することで、より一層の効果の向上や波及を可能とする連携のさらなる深化が期待される。

6　おわりに

2015年9月の国連総会で、持続可能な開発目標（SDGs）を含む「我々の世界を変革する：持続可能な開発のための2030アジェンダ」が採択され、2016年から実現に向けた取組が開始された。2030年までに持続可能な開発に向けた社会変革を目指すSDGsの実施にあたり、それを担う人材を養成する

ための教育、すなわちESDは、SDGsを下支えする基盤とも言える。SDGsの実施においても、マルチ・ステークホルダーの連携のもとに実施されることが重要であるとされる中で、ESDにおけるマルチ・ステークホルダー連携をより強化していくには好機と捉えられる。「持続可能な開発目標（SDGs）実施指針」においても、ステークホルダーとの連携について、文部科学省と環境省が事務局を務めるESDのための円卓会議は、府省庁横断かつ官民による連携の先例とされている。様々な形態のマルチ・ステークホルダー連携の仕組みが構築される一方で、今後は連携の効果等を含めた質的な向上も検討されるべきであろう。

注
（1）ウェブ「文部科学省 ESD（Education for Sustainable Development）」http://www.mext.go.jp/unesco/004/1339970.htm（2017年9月16日最終確認）
（2）ユネスコスクールとは、ユネスコ憲章に示された理念を学校現場で実践するため、国際理解教育の実験的な試みを比較研究し、その調整をはかる共同体、Associated Schools Project Network（ASPnet）として発足した。世界では181か国約10,000校、日本では929校の幼稚園、小学校・中学校・高等学校及び教員養成系大学が加盟している（2016年10月現在、ユネスコスクール 2016）。ウェブ「ユネスコスクール」http://www.unesco-school.mext.go.jp/aspnet/（2017年9月16日最終確認）
（3）ウェブ「文部科学省 持続可能な開発のための教育（ESDに関するユネスコ世界会議）」http://www.esd-jpnatcom.mext.go.jp/conference/result/index.html（2017年9月16日最終確認）
（4）ウェブ「Global RCE Network RCE-Worldwide」http://rcenetwork.org/portal/rces-worldwide（2017年9月16日最終確認）
（5）ウェブ「ESD活動支援センターとは」http://esdcenter.jp/aboutus/（2017年11月3日最終確認）
（6）この事業は、2014年から開始され、2017年度までに36事業が採択されている。ウェブ「文部科学省 グローバル人材の育成に向けたESDの推進事業 事業の概要について」http://www.mext.go.jp/unesco/017/1349183.htm（2017年9月16日最終確認）
（7）EcoLeaDは、環境省の「持続可能なアジアに向けた大学における環境人材育成ビジョン」に基づき設立された。ウェブ「EcoLeaD」http://www.eco-lead.jp/（2017年9月16日最終確認）

169

第4部　さまざまな主体の連携・協働・交流をどのように進めるか

引用・参考文献

阿部治「序　日本における国連持続可能な開発のための教育の10年の到達点とこ
　れからのESD／環境教育」（日本環境教育学会編『環境教育とESD』東洋館出版
　社、2014年）１～10ページ

佐藤真久『平成21年度　横浜市業務委託調査「持続可能な開発のための教育（ESD）」
　の国際的動向に関する調査研究』（2009年）

持続可能な開発目標（SDGs）推進本部『持続可能な開発目標（SDGs）実施指針』（SDGs
　推進本部決定、2016年12月22日）

早川有香「持続可能な開発のための教育におけるステークホルダーの位置づけに
　関する考察」『日本環境教育学会　第26回大会研究発表要旨集』（日本環境教育
　学会、2015年）65ページ

早川有香「持続可能な開発のための教育（ESD）事例におけるステークホルダー
　連携に関する考察」『日本環境教育学会　第27回大会研究発表要旨集』（日本環
　境教育学会、2016年）151ページ

文部科学省『ESD推進ネットワークの創設について』（文部科学省、2016年）

ESD推進のための公民館―CLC国際会議『岡山コミットメント（約束）2014〜コ
　ミュニティに根ざした学びをとおしてESDを推進するために、「国連ESDの10年」
　を超えて〜』（2014年）

「ESD　企業の集い」参加企業『企業によるESD宣言』（2014年10月１日）

UN, *Transforming our world: the 2030 Agenda for Sustainable Development*, A/
　RES/70/1, New York: United Nations, 25 September 2015

UNESCO, *Tbilisi Declaration*, Tbilisi: Intergovernmental Conference on
　Environmental Education, 26 October 1977

UNESCO, *Declaration of Thessaloniki*, UNESCO-EPD-97KONF.40 lKLD.2,
　Thessaloniki: International Conference on Environment and Society: Education
　and Public Awareness for Sustainability, 12 December 1997

UNESCO, *Good Practices in the UNECE region*, August 2007

UNESCO, *Bonn Declaration*, Bonn: UNESCO World Conference on Education for
　Sustainable Development, 31 March - 2 April 2009

UNESCO, *Aichi-Nagoya Declaration on Education for Sustainable Development*,
　Aichi-Nagoya: UNESCO World Conference on ESD, 12 November 2014

UNESCO, *Incheon Declaration "Education 2030: Towards inclusive and equitable
　quality education and lifelong learning for all,"* ED-2015/WS/18, Incheon: World
　Education Forum, 22 May 2015

UNESCO and UNEP, *The Tbilisi Communique "Educate Today for a Sustainable
　Future,"* Tbilisi: Tbilisi+35 Intergovernmental Conference on Environmental
　Education for Sustainable Development, 7 September 2012

UNU-IAS『RCE－ESDに関する地域の拠点５年間の歩み』（2010年）

第13章　都市域における協働を通した
環境教育・ESD
―川崎市における環境教育の歴史的変遷と協働の事例から―

吉川　まみ

1　はじめに

　京浜工業地帯の中核を担う川崎市は、1960年代から70年代にかけて日本の
高度経済成長期を牽引してきた。一方で、大気汚染や水質汚濁など、甚大な
公害被害を発生させたことから、国に先駆けて公害問題に取り組みはじめた。
公害対策のプロセスで、豊富な環境技術を蓄積してきたことと、行政、産業、
学校、市民グループなど多様なステークホルダーの連携・協働の素地を築い
てきたことが、今日の川崎市の環境教育のあり方を特徴づけている。

　地球温暖化などの地球規模の環境問題が顕在化すると、川崎市は全市をあ
げての温暖化防止対策「カーボン・チャレンジかわさき」（通称CCかわさき）
を市政方針の重要課題に掲げた。現在川崎市は、工業地帯を有する大都市圏
という地域特性をふまえて、新旧様々な取り組みを、低炭素社会の構築との
かかわりのなかで推進している。

　臨海部に工業地帯を有するがゆえに、既に高度経済成長期から産業振興と
環境保全の好循環に向けた取り組みが不可避であった川崎市の歩みは、低炭
素社会の実現が持続可能性にかかわる共通課題となった現代社会のすべての
地域にとっても豊かな示唆を提供するものである。

2　工都・川崎市のはじまりと公害対策のあゆみ

　川崎市はしばしば"ものづくりの街"、"工都"と呼ばれる。1907年、幸区

第4部　さまざまな主体の連携・協働・交流をどのように進めるか

に本格的な工場として最初の横浜製糖が設立された。1912年には、町議会が工場誘致を決定し、その後工場用地としての利便性から多摩川沿いに大規模な工場が次々に建設されていった。1913年から始まった川崎臨海部埋め立て事業は京浜工業地帯を形成し、鉄道も整備されて町は発展し、1924年の町村合併によって川崎市が誕生した。1935年ごろからは内陸部の工業化も進んだが、1945年から1964年にかけての戦後復興期に深刻な環境悪化を招いた。臨海部にできた石油コンビナートは1950年代以降の日本の高度経済成長を支える一大生産拠点となり、1960年代、工場から排出される煙は繁栄の象徴と言われた一方で、産業公害は深刻な被害をもたらし、大きな社会問題となった。

　これに対し、次ページ**表13-1**に示すように市行政は公害対策に着手し1970年には市内39工場と「大気汚染防止に関する協定」を締結し、発生源対策を強化した。1972年には「公害防止条例」を制定して「公害監視センター」を開設、翌1973年には「公害研究所」を開設した。これら両機関における研究成果は、全国に先駆けた公害対策の科学的基盤として公害行政に反映された。

　一方、事業者は、公害防止装置の設置や使用燃料の良質化、製造プロセスの改善、省エネ技術の導入など、公害防止のための投資を行い、公害防止技術・ノウハウを開発しながら厳しい排出基準に適応していった。また、組織内で公害防止関連の資格を持つ技術者を養成し、技術的にも人的にも公害対策の基盤を形成してきた。

　このプロセスで川崎固有の最大の特徴としてあげられるのは、一般的に規制する側・される側という対立関係になりがちな市行政と事業者が、川崎市臨海部においては連携・協働関係を築いていったことである。これは、2001年日本で初めて企業が主体となった産官学民連携プラットフォーム機能を担うNPOが設立されたことからもうかがえる。「産業・環境リエゾンセンター（LCIE）」と名付けられたこの組織は、経済と環境の調和のとれた持続可能な社会形成に向けて、市行政をはじめとするあらゆるステークホルダーが互いに連携・協働し、環境共生型の産業システム「川崎モデル」の創造をめざ

172

第 13 章　都市域における協働を通した環境教育・ESD

表 13-1　国に先駆けた川崎市の公害対策のあゆみ

年	主　な　事　項
1960	川崎市公害防止条例（旧条例）公布、施行。
1964	二酸化硫黄自動測定装置による測定を開始。
1968	大気汚染集中監視装置での二酸化硫黄等の常時監視体制の確立。
1969	「大気汚染による健康被害の救済措置に関する規則」を制定・施行し被害者の救済を開始。
1970	市内 39 工場と「大気汚染防止に関する協定」を締結。発生源対策強化。
1972	「川崎市公害防止条例」公布、総量規制を導入、公害監視センター完成。「発生源亜硫酸ガス自動監視装置完成（市内大手 42 工場）。
1976	「川崎市環境影響評価に関する条例」を公布し、環境悪化を未然に防止する仕組みを導入。（日本初のアセスメント条例）
1978	「発生源窒素酸化物自動監視装置」完成。（市内大手 32 工場）
1979	市全域で二酸化硫黄濃度の環境基準達成。
1999	「川崎市公害防止等生活環境の保全に関する条例」を制定・公布。

出典：「川崎から世界へ伝える環境技術 2016」[1]、6 ページ「市の公害への主な取組に関する年表」より

　して調査研究、提言、普及・広報活動などを行っている。例えば、LCIE のメンバーで難再生古紙リサイクルの高い技術を持つ企業は、川崎市と連携し、下水処理場で処理（浄化）した後の水を古紙製造に再利用し、市が分別収集したミックスペーパーをトイレットペーパーにリサイクルするなど、市全体の資源循環型社会形成に取り組んでいる。また、このような参加企業は、環境対策の現場を公開したり出前講座を行ったりするなど、環境教育・学習活動にも積極的に取り組み、持続可能な生産と消費を考える機会を提供している[2]。

3　川崎市における環境行政のあゆみ

　1997 年川崎市は経済産業省から、日本で最初に「エコタウンプラン」承認を受けた。これは、地域の強みを発揮し環境に調和したまちづくりを推進することを目的にしたゼロ・エミッション構想に基づく国による制度である。これによって川崎市は、計画に従って臨海部全域 2,800ha を「川崎ゼロ・エミッション工業団地」として再整備し、2002 年全面稼働した[3]。現在も臨海部では「エココンビナート構想」を推進する。公害対策の基盤の上にあるこれら一連のプロセスは、川崎市グリーンイノベーションと呼ばれる。

173

第4部　さまざまな主体の連携・協働・交流をどのように進めるか

　このようなプロセスで、川崎市には環境問題への先進的・先駆的な取り組みの経験や知識、優れた環境技術が蓄積されてきた。川崎市は、これらを工業化・近代化が急進展するアジア途上諸国へ移転することによって国際貢献することを目指している。それによって、甚大な公害被害という負の遺産を、持続可能な社会への礎として意味づけようとするだけでなく、川崎市民の地域に対する誇りを喚起し、市行政や事業者など多様なステークホルダー間の連携・協働を強化しようとするものである。このことは、アジア・太平洋地域においてエコタウン推進を目指す国連環境計画（UNEP）との連携や、1996年日本の自治体として初の国連GCグローバルコンパクト参加などの動向にも示されている。

　一方、1970年代後半から1980年代にかけて、川崎市では産業公害だけでなく、家庭ごみの増加や生活排水による河川の水質汚濁、自家用車の急増による大気汚染など、大都市の生活環境悪化の問題、いわゆる生活型環境問題（生活型公害）が顕在化した。1990年には「ごみ非常事態宣言」を発令し、ごみの減量化に取り組みはじめた。

　その後、地球規模の環境問題に対する国内外の取り組みの動向をふまえて、2004年には3Rを基調とした循環型社会の構築と低炭素社会の実現に向けた行動計画として「かわさきチャレンジ・3R（川崎市一般廃棄物処理基本計画）」を策定した。さらに「川崎市生ごみリサイクルリーダー制度」のように、積極的に環境改善に取り組む環境リーダーを市が育成、資格認定し、地域に派遣するしくみを導入した。また、交通環境の変化に伴う大気汚染問題では、1990年代初めから「川崎市自動車公害防止計画」を推進し、2007年には市民の代表、事業者、関係団体、市等を中心に「かわさきエコドライブ推進協議会」を設置し、「エコドライブ宣言」登録制度を設けている。

　このように、日常生活の中での市民ひとりひとりの小さな環境改善を波及させていく地道な生活型環境問題への取り組みを、地球環境問題への取り組みへと展開させるなかで、市民の意識啓発を促す制度導入を軸に、川崎市型環境教育とも言えるあらゆる立場の連携・協働の基盤が築かれていった。

174

第 13 章　都市域における協働を通した環境教育・ESD

表 13-2　「川崎市環境基本計画」環境政策６つの柱と重点分野

1	地域から地球環境の保全に取り組むまちをめざす〔重点分野：地球温暖化・エネルギー対策の推進〕
2	環境にやさしい循環型社会が営まれるまちをめざす〔重点分野：一般廃棄物対策の推進（3R）〕
3	多様な緑と水がつながり、快適な生活空間が広がるまちをめざす〔重点分野：緑の保全・創出・育成〕
4	安心して健康に暮らせるまちをめざす〔重点分野：大気環境対策の推進・化学物質対策の推進〕
5	環境に配慮した産業の活気があふれ、国際貢献するまちをめざす〔重点分野：環境に配慮した産業の振興と国際貢献の推進〕
6	多様な主体や世代が協働して環境保全に取り組むまちをめざす〔重点分野：環境教育・環境学習の推進・環境パートナーシップの推進〕

出典：「川崎市環境基本計画」６つの環境政策（2011 年全面改定版より）

　これらの取り組みが、行政課題の中で体系的に位置づけられたのは、1991年制定された「川崎市環境基本条例」の実施計画「環境基本計画」（1994年策定、2001年部分改定、2011年全面改定）においてである[4]。「環境基本計画」では、環境政策総合目標「めざす望ましい環境像」を「環境を守り　自然と調和した　活気あふれる　持続可能な市民都市かわさき」と表現し、その実現のための６つの環境政策を掲げ（**表13-2**）、環境教育・環境学習の推進も重点分野に含んでいる。

4　川崎市の公害学習と環境教育・学習の始まり

　1972年ストックホルムで国連人間環境会議が開催された。その後の国内外の一連の動向をふまえ、川崎市でも1973年から毎年６月５日を初日とする一週間を「環境週間」とし、多摩川美化運動や環境功労者表彰式、オープンラボ等様々な取り組みによる環境保全意識の普及啓発活動を行っている。同年、川崎市は最初の環境教育・学習の教材『公害副読本』を発行した。

　その後1980年代に入り、新たに「生活型公害」に気づいた公害研究所の担当者は市民の意識啓発の必要性を感じはじめた。そこで、1987年６月21日、公害研究所による初めての環境教育・学習実践「水辺に親しむ親子教室」が開催された。多摩区内の市立下布田小学校および二ケ領用水上河原親水河川

175

第4部　さまざまな主体の連携・協働・交流をどのように進めるか

において環境週間行事の一環として行ったもので、下布田小学校4、5年生とその父母を中心に近くの家族連れを含めて約250名が参加した。講演会、野外教室、魚の放流などを行い、身近にある「川」に親しむことによって、河川浄化に対する関心を高めることをねらいとするものであった[5]。

その後、公害研究所における環境教育・学習は、大気騒音、水質、都市環境研究などの専門性の高い研究や、研究設備を活かした形で、「空気や地球環境」、「川や水質」、「都市や生活に関係したこと」をテーマとする環境学習の3つ柱が形成された。その目的は、(1) 環境問題を知り、行動できる人材の育成、(2) 実験や環境調査を通し、理科の楽しさ、おもしろさを伝える、とされ、「夏休み科学教室」、「オープンラボ」、「環境セミナー」、「出前教室」、「水生昆虫ふれあい教室」、「夏休み多摩川教室」、「夏休み水環境体験ツアー」や、川崎市環境技術産学公民連携公募型共同研究事業による「かわさきエコライフゲーム」の開発など、多種多様な実践が展開されてきた[6]。その後、公害研究所は多様化・複雑化する環境課題に対応し、環境分野の広範な領域に関する総合的な調査・研究を充実させていくため、公害監視センター、環境技術情報センターとともに2013年「川崎市環境総合研究所」として再編・統合された。

5　川崎市における環境教育行政のあゆみと地球温暖化対策

川崎市では、1994年策定の「川崎市環境基本計画」において「環境教育基本方針の策定と推進」の重要性が明記されたことから、1995年「川崎市環境教育・学習基本方針」が策定された。このなかで、「環境基本計画」に示された「人と環境が共生する都市・かわさき」の担い手を、環境教育・学習によって育むべく、環境マインドを定着させ、環境倫理を確立し、環境に配慮した行動をとることができる人間の育成をその目的とされている。2006年改正を経て、2016年の全面改正版では複雑化する環境問題をふまえ、「協働取組」による分野横断的・総合的展開の重要性が明記された[7]。

176

第13章　都市域における協働を通した環境教育・ESD

　環境行政では、事業者と市行政と協働関係を構築するプロセスに人材育成制度が活かされてきたが、環境教育・学習の基本方針において環境問題についての取り組みで果たす市民の役割が明確化されたことで、市行政、事業者だけでなく市民の連携・協働の素地が強化されるようになってきたと考えられる。この背景として1998年には、地域で環境保全や環境教育等に率先かつ継続的に取り組む実践的な人材を育成することを目的にした「地域環境リーダー育成講座」がスタートした。2017年発行の「川崎市環境教育・学習事業実施結果一覧」によれば2015年までに301名が地域環境リーダーとなって活躍し、2015年の1年間で川崎市が実施するものだけでも121事業が実施され、述べ人数で約37万4,500人が参加したと報告されている[8]。

　地球温暖化対策への国内外の取り組みの必要性への認識が高まると、1998年には「川崎市の地球温暖化防止への挑戦～地球環境保全のための行動計画～」が、2004年には「川崎市地球温暖化対策地域推進計画～川崎市の地球温暖化防止への挑戦」が策定された[9]。これをうけて「川崎市環境教育・学習基本方針」も2006年に改定された。2007年、日本で閣議決定された「21世紀環境立国戦略」のなかで、「低炭素・循環型・共生社会」というキーワードで持続可能な社会像が示されると、川崎市は、翌2008年2月、低炭素社会の構築を目指し、環境と経済の調和と好循環を推進すべく新たな政策を打ち出した。持続可能な低炭素社会を地球規模で実現するための全市をあげての取り組みである「カーボン・チャレンジ川崎エコ戦略」（略称「CCかわさき」）である。2010年には「CCかわさき」の具体的な推進プラン「川崎市地球温暖化対策推進基本計画～CCかわさき推進プラン～」が策定された。

　現在、川崎市では、これらを重要な行政課題とし、環境と経済の調和と好循環による低炭素社会・川崎市の実現に向けて各部局横断的に取り組んでいる。環境局では、「CCかわさき」をもとに、1．低炭素チャレンジ行動、2．資源循環チャレンジ行動、3．自然共生チャレンジ行動、という3つの分野での市民一人一人の身近な行動の大切さを呼びかけ、それを「エコ暮らし」のビジョンとして示している。これに伴い、既存の「環境学習館」は、2011

177

第4部　さまざまな主体の連携・協働・交流をどのように進めるか

年「かわさきエコ暮らし未来館」としてリニューアルオープンし、市行政と産業、市民が連携・協働し、一丸となって持続可能な低炭素社会の担い手となっていくことをアピールしている。オープン当初の施設パンフレットには次のように紹介されている。

> 「川崎には、優れた環境技術を有する企業と、意欲的に環境活動に取り組む市民が存在します。この川崎の「環境力」を最大限に活用して、課題に立ち向かっています。「エコ暮らし未来館」は、市民・企業・行政それぞれの役割を担って、地球温暖化対策を進めることの大切さを知ってもらい、一人ひとりの地球温暖化への取り組みのきっかけをつくる環境学習施設です」[10]。

　これらの背景には、国内外の動向と共に、川崎市内でも二酸化炭素排出状況の構造が変化してきたことが挙げられる。2008年度の川崎市の二酸化炭素排出量の状況は、部門別構成比では産業部門が最も高いが、部門別の排出量の増加率でみると、転換部門、産業部門、廃棄物部門、工業プロセス部門では1990年度比で減少しているのに対して民生部門（家庭系）、民生部門（業務系）では増加傾向を示した[11]。このことは、産業界のみでなく、一人一人のライフスタイルの転換が重要であることを意味している。

　川崎市の環境への取り組みの基本方針を決定づけた「環境基本計画」をはじめとする環境行政資料を見ると、行政課題に示された「人と環境の共生」や「地球にやさしい循環型社会」といった表現は、「低炭素社会の構築」、「環境と経済の好循環」など、より具体的なことばで示されるようになってきている。「循環型社会」の構築分野での施策も、「CCかわさき」に関連する「CCかわさきエコ暮らし」におけるチャレンジ行動の一つとして位置づけられている[12]。一方、「環境教育・学習基本方針」の中では、市民・事業者・行政のそれぞれの役割が別個に示されていたが、「CCかわさき」以降、すべての立場の市民の協働・連携が強調され、協働や連携を促進するための施設開設も特徴的である。2010年には、川崎市は、「川崎市地球温暖化防止活動推進センター」（CCかわさき交流センター）を開設し、市民団体の運営によっ

178

第 13 章　都市域における協働を通した環境教育・ESD

て、日常的な地球温暖化に関する相談窓口、普及啓発、情報交流・発信を行っていくとともに、市民・事業者の方々が地球温暖化について考え、行動するきっかけ作りをプラットフォーム機能によって促進している[13]。

6　大都市圏における環境教育・ESDの充実に向けて

2011年、東日本大震災・福島原発事故は、工業地帯を有する大都市川崎にとって災害時のリスク管理やエネルギー問題、レジリエンスの問題を問い直すきっかけでもあった。そして、「川崎市民おひさま発電所」によるエネルギーの地産地消の取り組みの意義が改めて意識化された。

2016年の「総合計画」では、それまでの市行政の大きな柱が「環境と経済の好循環」から「成長と成熟の調和」に変化し、安心安全で持続可能な低炭素社会のなかで、すべての人々の豊かさを質的に問う新たな方向性が示された。2016年には、「川崎市環境教育・学習基本方針」も全面改正された。この背景には、「複雑化する環境問題に効果的に対処するには、単独での取り組みには限界があり、相互に協力して活動を行う「協働取組」によって、分野横断的な環境保全活動を体系的に推進していくことが重要であり、様々な主体や世代が相互に協力して学び合い、地域全体で環境教育・学習に取り組むことが必要」[14]との認識がある。そのため、すべての市民が「つながる」、環境知を「伝える」、知識や経験や人を「活かす」という3つの基本方針を示し、事業や制度を設けたりすることで実践を活性化し、多様な実践主体の分野横断的な連携・協働を促す市行政としての強みを明確にしている。

この基本方針は、2016年にスタートした「かわさき地域環境教育コーディネーター」制度にも示されている。これは1998年にスタートした「地域環境リーダー」のステップアップとして位置づけられている。ここでの研修は、NPO ESD推進会議が公開するコーディネーターの研修カリキュラムをもとに構成されている。これを受けた地域環境リーダー市民が、さらに市・市民活動団体、事業者、学校等の地域のさまざまな主体による環境活動を効果的

第4部　さまざまな主体の連携・協働・交流をどのように進めるか

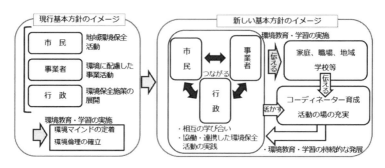

図13-1　川崎市環境教育・学習基本方針の改正概要

出典:「川崎市環境教育・学習基本方針」第2章「基本方針の改正の基本的な方向性」より

につなげる調整役や、他の地域環境リーダーと連携して、地域における環境教育・学習の取り組みを推進する促進役を担う。このように、全面改訂された環境教育・学習方針の中でも人材育成制度を柱にした活動が推進されている。また、その推進に関する基本的な事項として「日頃の地域環境活動の取組のなかにESDを取り入れるための仕組みづくりを進めていくこと」と明記されたことから、高度経済成長期に育まれた川崎市の連携・協働の素地が、地球環境時代のESDのコンテクストのなかで新たに展開されていくことが期待される。

7　おわりに

　過去の犠牲や苦しみへの意味付与は、公害責任の払しょくを意味するわけではない。しかし、甚大な公害被害という川崎市の過去からの学びを、より多くの社会や人々、自然環境の持続可能性に生かしていくことは、負の遺産に対する行政の立場のひとつの責務でもあるだろう。
　川崎市は、高度経済成長の影で甚大な公害被害を経験しつつ、税収の多くを臨海部に拠るというジレンマを常に抱えて歩んできた大都市である。ゆえに、現在、貧困問題を抱え経済開発を最優先せざるを得ない開発途上諸国に

第13章　都市域における協働を通した環境教育・ESD

表 13-3　川崎市における環境行政・環境教育行政の変遷（筆者作成）

	1960年代～	1970年代～	1990年代～	2000年代～	2010年代～
川崎市の環境知	負の遺産形成期	産業公害対策におけるエコテク・環境知の蓄積 連携・協働の素地の形成	生活型公害対策における連携・協働 人材育成	地球環境問題対策 温暖化対策における連携・協働のプラットフォーム 分野横断的取組み	正の遺産形成におけるESD的視点と連携・協働のコーディネート 負の遺産への意味付与・地域アイデンティティの意識化
問題	環境悪化	地域環境問題 ・産業公害 ・生活型公害	地球環境問題 地球温暖化	持続可能性を阻む社会諸問題	安心・安全を阻む総合的な諸問題 エネルギー問題
環境行政		1972 川崎市公害防止等条例 1983 川崎市生活排水対策委員会設置 1983 川崎市自動車公害問題協議会設置 1984 川崎市生活排水対策推進要綱施行 1986 環境保全局新設 1987 川崎市生活騒音の防止に関する要綱	1990 ごみ非常事態宣言 1991 環境基本条例、自動車公害防止計画 1993 河川水質管理計画 1994（2002 改訂）環境基本計画 1995 緑の基本計画 1997 環境局新設 1998 地球温暖化防止行動計画 1999 川崎市公害防止等生活環境の保全に関する条例	2005 UNEP 連携 2005 一般廃棄物処理基本計画かわさきチャレンジ 3R 2006 国連 GC かわさきコンパクト 2006 多摩川プラン 2007 川崎市地球温暖化対策地域推進計画 （1998 の改定版） 2007 エコドライブ推進協議会設立 2008 CC かわさきエコ戦略 2008 緑の基本計画 2009 川崎国際環境技術展出展 2009 JICA 研修員受入	2010 地球温暖化対策推進計画 2011 新総合計画 2011 環境基本計画全面改定 2012 水環境保全計画 2014 川崎市グリーンイノベーション推進方針 2014 生物多様性かわさき戦略 2016 総合計画 2016 一般廃棄物処理基本計画 2016 新多摩川プラン
環境教育行政		1973『公害副読本』発行 1987 年 6 月 21 日「水辺に親しむ親子教室」	1991 夏休み多摩川教室 1995 環境教育・学習基本方針 1996 第 1 期地域環境リーダー育成講座	2006 環境教育・学習基本方針改正	2011 エコ暮らし未来館 2013 川崎市環境総合研究所開設 2016 川崎市環境教育・学習基本方針 全面改正
		公害克服へ 環境保全への意識啓発	循環型社会へ 低炭素社会 環境マインド	環境と経済の好循環 持続可能な社会づくり・参加・協働・全市一丸	成長と成熟の調和 持続可能な地域の担い手・協働取組・環境配慮・つながる・伝える・活かす

対して、公害対策で蓄積されてきた「環境知」を積極的に移転し、経済と環境の両立に求められる環境技術を示し国際貢献することをめざしている。同時に川崎市は、若い世代の人口が増加している日本国内の数少ない都市の一つである。二度と同様の負の遺産をつくり出すことなく、川崎市を好きになり、川崎市を誇り、いつまでもこの街で暮らしたいと思う若い担い手への期待は大きい。

　このような地域特性をふまえれば、問題の克服に向けて真正面から問題に取り組むアプローチの重要性と同時に、地域の中の誇れる部分や愛せる部分を意識化して伸ばすことで、環境改善に主体的に取り組む人材育成アプロー

第4部　さまざまな主体の連携・協働・交流をどのように進めるか

チもまた重要であると言えるのではないだろうか。そして、地域の取組みを
ESDの視点からも理解しようとする新しい川崎市の環境教育・学習の基本方
針のもとで、地域の誇りと価値を礎にした地域アイデンティティの確立は、
地域をつなぎ、地域から人材流出を防ぐとともに、大都市圏型のThink
Globally, Act Locallyとして、ESDとしての連携・協働の基礎にもなりうる
ものではないだろうか。

注

（1）川崎市環境総合研究所『川崎から世界へ伝える環境技術』（2016年）
（2）NPO法人産業・環境創造リエゾンセンター　八木竜一「川崎臨海部における
　　環境への取り組み」（2011年11月15日、かわさきエコ暮らし未来館において実
　　施された平成23年度環境出前講座配布資料）
（3）川崎市環境局総務部環境調整課「2008年度版環境基本計画年次報告書」（2007
　　年度における川崎市の環境の現状と施策の展開）（2009年）
（4）川崎市「環境基本条例」（1991年）および「環境基本計画」（1994年）は、
　　2002年部分改定を経て、2011年に全面改定
（5）川崎市発行、環境保全局郊外部企画調査課編集「公害情報」No.180、7月28
　　日号掲載記事
（6）吉川サナエ・盛田宗利・岩渕美香・小林勉ほか「公害研究所における環境教育・
　　学習について」（『川崎市公害研究所年報』第36号、第37号、2009年）
（7）川崎市環境教育・学習推進会議編集、小澤紀美子監修「川崎市環境教育・学
　　習基本方針」（改正版）（2006年）
（8）川崎市環境局総務部環境調整課「平成27年度川崎市環境教育・環境学習事業
　　実施一覧」（2017年）
（9）川崎市地球環境保全行動計画推進会議編集、川崎市発行「川崎市地球温暖化
　　対策地域推進計画　川崎市の地球温暖化防止への挑戦概要版」（2004年）
（10）「かわさきエコ暮らし未来館」パンフレット
（11）川崎市環境局環境対策部企画指導課「平成22年度環境局事業概要－公害編－
　　よりよい環境をめざして」（2010年）
（12）牧葉子（川崎市環境局担当理事環境技術センター所長）「都市の持続可能な社
　　会形成と国際協力―川崎のカーボン・チャレンジ戦略を例として―」（国連大
　　学グローバルセミナー湘南セッション、2010年）
（13）川崎市地球温暖化防止活動推進センター公式ウェブhttp://www.cckawasaki.
　　jp/kwccca/（最終確認：2017年5月24日）
（14）川崎市「川崎市環境教育・学習基本方針」（2016年全面改正版）

第14章　都市域と農山村のつながりによる
環境教育・ESD
─山村留学を通して見られた都市と農山村の交流─

小堀　武信

1　はじめに

　都市に住む子ども達は、自然に触れる機会は乏しくなったと言われている
一方で、昨今は都市と農山村の交流に関心が高まっていると指摘されている。
都市で暮らす子ども達が農山村に出かけることは、普段は接することが少な
い自然の中で、食住を体験する貴重な機会となる。その背景には、都市部へ
の人口集中と都市開発が挙げられる。2010年度の日本の人口は約１億2,700
万人であった。そのうち、東京周辺（埼玉県、千葉県、東京都、神奈川県）、
名古屋周辺（岐阜県、愛知県、三重県）、大阪周辺（京都府、大阪府、兵庫県、
奈良県）を合わせると約6,000万となり、全体の半分近くを占めている（国
立社会保障・人口問題研究所 2013：8、日本の将来推計人口（概要）表1-1「将
来の都道府県別総人口」をもとに算出）。内村は、都市から自然がなくなる
ことは、同時に子ども達が生きものと触れ合う機会がなくなり、子ども達の
いのち、生きているものに対する感覚を薄くしていると問題提起をしている
（内村 1986：277）。山村留学は1970年代に始まった。そうした社会背景が発
足した理由の一つだと推察できる。

2　山村留学について

　山村留学は、「公益財団法人育てる会」が長野県大町市で最初に始め、
1968年に教員、父母、教育関係者と一緒に、任意団体として発足した。1969

183

第4部　さまざまな主体の連携・協働・交流をどのように進めるか

年に短期山村留学をスタートさせ、長期の山村留学は1976年に八坂・美麻学園で始まった。山村留学を始めた青木は、山村留学とは「一年単位で親から子ども達を集め、受入先の地元の学校に通学させながら、一年三六五日の自然接触と、様々な人間関係を通して、子ども達の心の中に安定と活力、そしてやる気を養うことを目的とした、体験教育を基本とする制度であり、（省略）自然接触、親からの自立、人間関係など、現代の都市化社会の中に深く潜行する諸問題を、総合的に解決の方向に導くことができる画期的な試み」だとしている（青木 1986：246-247）。山村留学は「里親と寮の併用」、「里親主体」、「寮主体」の形態があり、それぞれ子どもだけで参加する。NPO法人全国山村留学協会がまとめた「平成25年度全国の山村留学実施調査報告書」によれば、2013年度は全国の小中学校131校で合計557人の山村留学生を受け入れていた（NPO法人全国山村留学協会 2014：1、平成25年度全国の山村留学実施調査報告書をもとに算出）。山村留学は、地域の人々、行政・教育委員会・学校、受入団体が三位一体となり取り組まれることが重要である。そして保護者は地域・学校・山村留学先の行事に通うため訪問を重ねる。それらを通して、修園後も、山村留学生同士、そして家族同士、更には山村留学先と交流が続いていくとされている。

3　調査地について

　筆者は、2010年から2011年にかけて、2つの山村留学先を訪問した。一つは「公益財団法人育てる会」の「八坂・美麻学園」（長野県大町市）である。子ども達の受入れは、農家、指導員がいる寮にそれぞれ半分の期間ごとに居住する「里親と寮の併用」である。もう一つは1年間を里親のもとで過ごす「里親主体」の「黒松内ぶなの森自然学校」（北海道寿都郡黒松内町）である。

　「八坂・美麻学園」の寮では、30人の子ども達が指導スタッフと一緒に共同生活をしていた。表14-1は、寮で行う1年間の行事である。参与観察では、子ども達は食事、宿題、消灯、起床、手伝い等に取り組み、規則正しく過ご

第14章　都市域と農山村のつながりによる環境教育・ESD

表14-1　八坂美麻学園の年間行事

4月	入園の集い、農家入り、きのこ育菌
5月	田おこし、田植え、畑作、山菜とり
6月	サバイバル体験、味噌づくり、合同ハイキング
7月	実家帰省、ヨット・カヌー、化石採集
8月	夏休み
9月	縄文キャンプ、アルプス登山、ソロキャンプ
10月	稲刈り、木の実採り、岩石採集
11月	収穫祭、脱穀
12月	冬の準備、野菜の保存、たい肥づくり
1月	とりおい、スキー、氷湖活動
2月	こども庚申様、スキー、ネイチャースキー
3月	炭焼き、修園のつどい、お別れ会

注：調査中にいただいた資料を基に作成。

していた。朝は小学生の通学に同行したところ、子ども達は田んぼや森が広がる中を、片道1時間程歩いて登校していた。次に示すのは、筆者が通学に同行した際のエピソードである。

> 通学路を歩いていると、側溝にたくさんのオタマジャクシが泳いでいた。子ども達は近くにあった大きな葉っぱでオタマジャクシを掬い、「学校で飼うんだ」と言って歩き始めた。オタマジャクシは、周囲に水がない状況のため、しだいに元気がなくなった。そうすると子ども達は側溝の水を掬ってオタマジャクシにかけ、「死んじゃだめだ」と、学校に向かって駆け出した。途中でオタマジャクシを包んだ葉っぱを落とした子どもがいたが、拾いに戻った。やがてみんな学校まで走り始めた。(2011年6月21日)

　歩きながら子ども達に問いかけると、どの側溝にオタマジャクシがたくさんすんでいるかを知っていた。つまり子ども達は、毎日の通学を通して生きものに関心が高まっていたのではないかと思える一方、学校に向かって駆け出した場面に接することで、周囲の生きものに対して、生命を失う痛みを学んでいたのではないかと推察することができた。

　「黒松内ぶなの森自然学校」は、1999年に黒松内町とNPO法人ねおすが協同して設立された。調査時の山村留学生は小学校高学年のAさん1人で、里親と一緒に旧教員住宅で暮らしていた。Aさんは帰宅すると、黒松内ぶなの森自然学校の職員と一緒に過ごし、朝食は里親と一緒に、夕食は里親と黒松

第4部　さまざまな主体の連携・協働・交流をどのように進めるか

表 14-2　子どもの長期自然体験（1週間程度のプログラム）

春	残雪の中の雪遊び、農家の民泊
夏	登山、海：川遊び、2泊3日のチャレンジプログラム
冬	雪の中でのそりすべり、イグルー作り、雪中キャンプ

注：調査時、黒松内ぶなの森自然学校で配布していたパンフレットを参考に作成。

表 14-3　イエティくらぶ（子ども達に遊びの場・学びの場を提供する会員制のプログラム）

4月	活動なし	10月	40kmウォーク
5月	山菜採り	11月	森でひみつきち作り
6月	川遊び	12月	野外クッキング
7月	海遊び	1月	活動なし
8月	活動なし	2月	そりすべり
9月	畑の収穫祭	3月	森で雪遊び

注：調査時、黒松内ぶなの森自然学校で配布していたパンフレットを参考に作成。

内ぶなの森自然学校の職員と一緒に食べていた。近くの小学校まで15kmの距離があるため、Aさんは通学バスを利用し登校していた。「黒松内ぶなの森自然学校」は、来訪者に向けて自然体験活動を提供しており、多くの方が訪れる施設である。**表14-2、表14-3**は、子ども向けの自然体験活動の一例である。山村留学生は、本人が希望し保護者が了承すれば自然体験活動に参加でき、幅広い世代と交流ができる。Aさんはイエティキャンプを通して、国内外に多くの友達ができたと語っていた。調査中、都内の大学に通っていた、黒松内ぶなの森自然学校修園生のBさんにインタビューを行った。「山村留学で印象に残っているエピソードはありますか」と尋ねところ、次の答えが返ってきた。

　朝、敷地の中で飼育しているニワトリがキツネの仕業で倒れているのに気がついた。その時初めて、これは自然の中で普通に起きている出来事だと感じた。その時は怖いと思ったが、普段の生活で忘れがちな視点だと思った。(2011年11月29日)

　Bさんは、中学生の1年間を山村留学先で過ごした。山村留学とはBさんにとって、都市生活では見えなかった人と野生生物の関係性に気付くことができた機会だったと考えられる。

第 14 章　都市域と農山村のつながりによる環境教育・ESD

4　調査の手続きについて

筆者は2010年から2011年にかけて、「公益財団法人育てる会本部」（調査時は財団法人）と長野県大町市、そして北海道寿都郡黒松内町を訪問し、山村留学に取り組む施設職員、里親、教育委員会、小学校や、山村留学参加者及び修園生とその家族に対して、インタビューやアンケート調査を行った。次に「財団法人育てる会」と「特定非営利活動法人全国山村留学協会」が作成した「平成21年度全国の山村留学実施調査報告書」の中から「平成21年度山村留学実施団体所在市町村と受入校」（pp.3-4）を参考にホームページで検索し、山村留学を実施していると思われた118校に対して郵送法によるアンケート調査を行った。アンケート用紙は本調査に合わせてオリジナルを作成した。2011年11月7日に投函し、回収は85件であった。

5　調査の結果

表14-4は「山村留学の意義や課題について」行ったインタビューである。八坂・美麻学園の里親である農家によれば、受入農家の高齢化や自分たちの後継者を心配していた。それを裏付けるように、大町市内で山村留学生を受入れている小学校に行ったインタビューでは、農家の高齢化を課題として挙げていた。農林水産省によれば、日本の農業人口は260.5万人である。そのうち65歳以上は160.5万人と61.6%を占めており、インタビューの裏付けとなる資料だと考えられる（農林水産省 2010：102-103、2010年世界農林業センサス結果の概要（確定値）の統計表から算出）。つまり山村留学制度の維持は、農山村の持続可能性に支えられていると言えないだろうか。

一方、調査中に教育関係者に行ったインタビューでは、山村留学は過疎地域での学校存続や複式学級解消につながる可能性があることが分かった。文部科学省によれば、全国の小学校は2005年度に23,123校であった。5年後の

187

第 4 部　さまざまな主体の連携・協働・交流をどのように進めるか

表 14-4　山村留学の意義や課題について

八坂・美麻学園 （寮の職員）	山村留学生が集まることは、地域への貢献、学校の存続、クラブ活動の幅が広がるということはある。しかし山村留学は、留学生の心の成長、集団生活、基本的な生活習慣を体験させることが大前提でその教育活動に意義がある。山村留学は地域の人達と深くかかわっている事業。本物体験を通して日本の文化・歴史を体験してほしい。（2011 年 4 月 19 日）
八坂・美麻学園 （里親である農家）	意義は、都会の子どもと田舎の子どもが交流し、八坂地域が活性化することである。課題は、受入農家が少なくなってきていることであり、八坂地域は私も含めて 3 軒しかない。私は 85 歳で一番若い人が 72 歳だ。つまり受入農家の後継者が少ない。明るい話題としては、数年したら山村留学生を受け入れたいという 40〜50 代の農家が出てきたことである。農家がないと山村留学の活動はできない。（2011 年 8 月 10 日）
黒松内ぶなの森自然学校 （里親であり経営者）	意義は、自然体験で言われる成長の効果と一緒である。課題は、全国の山村留学や自然体験プログラムへの参加者が減っていることだろう。私見だが、今の子育て世代が 40 歳前後だとすれば、もともと自然に触れていないだろうし、子ども達は習い事が多いのではないだろうか。地域の中から学校が無くなるのは、地域の活気が無くなる。地域活性化はお金だけの判断では難しい。人が外から来るという地域間交流も、地域活性化ではないだろうか。（2011 年 9 月 1 日）

表 14-5　修園生のプロフィール（年齢や所属は取材当時のままである）

B さん（黒松内ぶなの森自然学校）男性 中学 1 年生を山村留学先で過ごした。20 代前半の大学生。短期宿泊体験に参加した経験がある。実家は北海道内の都市部にある
C さん（八坂・美麻学園）女性 約 10 年前の中学 2 年生〜 3 年生に山村留学に参加した。20 代半ばで大学生。関東在住。小学 5 年生の時に、2 週間の短期山村留学に参加した
D さん（八坂・美麻学園）女性 約 8 年前の中学 1 年生〜 3 年生に山村留学に参加した。20 代前半で大学生。関西在住。小学 4 年生の時に短期山村留学に参加した

2010年度は 2 万2,000校と1,123校減、生徒数は719万7,458人から699万3,376人と、20万4,082人減となっていた（文部科学省 2010：9-12、平成22年度学校基本調査報告書の小学校の設置者別学校数及び中学校の設置者別学校数から算出）。学校は地域文化の要だと言われる。山村留学を実施している地域においては、山村留学制度の維持は学校の存続に関わり、それは地域の持続可能性につながることが伺えた。

　表14-5は、インタビューを行った山村留学修園生 3 人のプロフィールであり、表14-6〜表14-8はインタビューの内容である。3 人とも、施設が行う短期宿泊体験を経て、1 年間の山村留学に参加していた。

　山村留学を経て 3 人に共通して見られたのは、人とのコミュニケーション

188

第14章　都市域と農山村のつながりによる環境教育・ESD

表 14-6　山村留生を通して、どのような成長が見られたかと思いますか

Bさん	山村留学は、子ども向けや大人向けに多くの行事があり、それについて行くだけで楽しかったし、自然と人の話を聞くようになったと思う。年上の人と和を保ちながら一期一会の人とどう話すか。コミュニケーション力が磨かれたと思う。現在都内の大学に通い、アルバイトをしていますが、周りのアルバイト仲間は、50代の職員に話しかけることができない。山村留学を通して、自分から話すことが身についた。（2011年11月29日。以下のインタビューも同日）
Cさん	山村留学を通して、自己主張が出来るようになったと思う。（2011年8月10日。以下のインタビューも同日）
Dさん	私は元々我が強かったが、相手の話を聞き、自分が折れなければいけない場面があることを学べたと思う。（2011年8月10日。以下のインタビューも同日）

表 14-7　山村留学生として過ごした場所は、自分自身の中でどのような場所になっていますか（ふるさととして感じているか等）

Bさん	黒松内町は四季があり、濃い密度の時間を過ごした思い出の空間であり、故郷みたいな場所である。黒松内ぶなの森自然学校で出会った仲間は全国に広がっているが、皆が集まる場所は、黒松内ぶなの森自然学校だと思います。
Cさん Dさん	（二人で話し合いあいながら）第二の故郷だと感じている。年に1～2回は大町市を訪れるが、里帰りのような感覚がある。大町市に来たら、里親先（農家）に顔を出します。

表 14-8　山村留学後は、修了生とどのように交流を続けていますか

Bさん	普段から頻繁に連絡を取っているわけではありませんが、兄弟みたいな感覚があり、すぐに意気投合できる。親同士も仲が良い。
Cさん Dさん	（二人で話し合いあいながら）修園生同士は、参加時期が違っても家族や兄弟といった感覚がある。親同士も仲が良く結束が固いです。

の変化であった。Cさん、Dさんは小学生から中学生数十人との共同生活を過ごし、農家の里親や寮の指導員と一緒に暮らすことで、多様な世代と触れ合うことができた。一方Bさんは、里親、スタッフ、そして同世代数名の山村留学生と一緒の暮らしであったが、自然体験活動に参加する、あるいは施設への訪問者を介して、国内外の子どもから大人まで触れることができた。コミュニケーション力の向上は、こうした背景があってこそだと考えられる。更には、修園生同士は家族のような関係となり、山村留学で関わった地域が故郷のようだと捉えていることが分かった。修園生の保護者に対してインタビューやアンケートを行ったが、子ども達が修園後も家族同士の交流は続き、山村留学先のイベントに参加する、イベントのスタッフとして参加する、あるいは訪問が叶わなくても年賀状やEmailのやり取りが続くなど、何らかの形で交流が続いていた。そして筆者の問いに答えてくれたBさん、Cさん、

189

第4部 さまざまな主体の連携・協働・交流をどのように進めるか

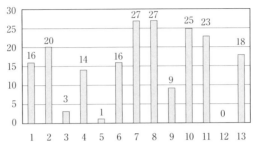

図14-1 山村留学の課題

アンケート項目（複数回答）
1．膨大な経費がかかる、2．助成金や補助金が少ない、3．教育活動としての効果が見られない、4．社会の中で広く知れ渡っていない、5．保護者の理解が得られない、6．保護者の経費負担が大きい、7．心の病を持つ生徒が増えている、8．山村留学生に対応できる人材が少ない、9．農家（牧家・漁家）の後継者がいない、10．山村留学生が住む施設が少ない、11．応募者が少ない、12．課題は見当たらない、13．その他（記述）

Dさんを始め、ほとんどの保護者が、山村留学先を第二の故郷と考えていることが分かった。

　都市と農山村の交流とは、経済的効果など貨幣的側面で捉えられることが多い。しかし自分たちが関わった農山村を大切な場所と思い、行き来が続く姿こそ、長い間に渡って都市と農山村が交流する姿だと言えないだろうか。

　郵送法によるアンケートでは、山村留学を続ける意義、山村留学の課題について、それぞれ「当てはまるものを3つまで選んでください」と問いかけたが、それ以上を選択し回答したケースが見られた。そこで各々の回答数を集計した。まず「山村留学を続ける意義」について伺ったところ、上位5項目は「山村留学生が成長する」、「地域の子ども達が成長する」、「学校が存続できる」、「自然環境に恵まれた教育環境を提供できる」、「地域社会で人々の交流が進む」であった。**図14-1**は、「山村留学の課題」についてまとめたものである。集計方法は、前述の「山村留学を続ける意義」と同じである。上位5項目は、「7．心の病を持つ生徒が増えている」、「8．山村留学生に対応できる人材が少ない」、「10．山村留学生が住む施設が少ない」、「11．応募

第 14 章　都市域と農山村のつながりによる環境教育・ESD

者が少ない」、「2．助成金や補助金が少ない」であった。アンケートでは自由記述の欄を設けており、そこには「特別支援を要する生徒が増えている」、「何らかの課題を抱えている子が見られるため、対応が難しい場面がある」という記述が見られた。子どもの心の病や特別支援は社会の中でクローズアップされており、今後社会の手厚い対応が望まれる分野である。それに対応できる人材の育成は急務ではないだろうか。更に山村留学の運営はランニングコストがかかり、その支援体制も望まれる。

6　調査から見えた山村留学の成果と課題

　調査の結果から、次の傾向が成果として挙げられた。
(1) 山村留学は、多様な人々と出会いによって、子どもたちのコミュニケーション向上に寄与している。また修園生同士は兄弟姉妹のように感じており、関係性が持続している。
(2) 山村留学を過ごした場所は、修園生、保護者にとって第二の故郷となり何らかの交流が続いていた。その背景には寮の職員や里親に強い信頼を寄せていることが伺えた。
(3) 山村留学生は、学校の存続や複式学級の解消につながる可能性が高い。
　一方、今後の課題としては、次の点が挙げられた。
(1) 山村留学は、心に病を持つ生徒の応募が増えており、対応が望まれる。
(2) ランニングコストが高額で、助成金や補助金不足とも重なっている。
(3) 山村留学の応募者が少ない。その背景には、保護者に高額の費用負担がかかっていることが予想される。國分（2006）は、山村留学にかかる家計の支出として、約160万円/年を概算している。
(4) 受入農家（里親）が高齢化しているため、今後の山村留学の存続を危惧する声が見られた。一方で、八坂美麻学園の里親・農家が答えてくれたように、受入先の後継者が生まれつつあることは、明るい希望である。

第4部　さまざまな主体の連携・協働・交流をどのように進めるか

7　大都市圏における環境教育・ESDの充実に向けて

　仙田は、田園地帯の学びとして自然とのふれ合い、田舎での生活体験、異文化との出会いという3点を挙げ、1年をかけて都市とは異なる自然や生活文化を体験する重要性を挙げている（仙田 1992：193-195）。一方、黒松内ぶなの森自然学校を運営する高木は、都会か田舎かどちらか一方の価値観だけでは、社会全体のあり方に対して、バランスの取れた感覚を持った人は育たないだろうと指摘している（高木 2009：46）。本稿は「大都市圏の子どもたち」という視点でまとめているが、反対に農山村に住む子ども達は、大都市圏での暮らしを経験することで、双方の価値観を持ち合わせるのではないだろうか。日本は少子高齢化、人口減少社会に向かっており、将来を生きる子ども達には多くの困難が予想される。社会課題に正解はないが、周囲と協力し対応を導き出すためには、一人一人が体験知を通して多くの引き出しを持つことが重要である。つまり子どもの育成環境という視点からは、大都市圏か農山村かと対立する構図はなく、大都市圏の持続可能性は、農山村の持続可能性と合わせ鏡のような関係だと言えないだろうか。

　読者の中には、大都市圏には市民農園が増えている。参加者はそこで食の生産を知り、集う者同士は交流しているという意見があろう。しかし農山村が持つ自然を媒介とした人・社会・文化のつながりや、そこで起きつつある社会課題の萌芽に気付く機会は、現地を訪問し暮らしてこそだと筆者は考える。しかし家計に頼るだけでは、山村留学に参加できる大都市圏の子どもたちは限られるだろう。そこで山村留学以外の方策の一つとして、公教育で取り組む宿泊体験学習の拡充が挙げられる。例えば東京都武蔵野市は、セカンドスクール事業に取り組んでいる。小学5年生は4泊5日〜9泊10日、中学1年生は4泊5日の日程で、子ども達は農家民泊や農業体験をする。武蔵野市教育委員会からは、事前・事後学習やポスター発表に訪問先の農家をお呼びした、農家と生徒で文通が始まった、家族で農家に遊びに行った事例があ

192

第 14 章　都市域と農山村のつながりによる環境教育・ESD

ったとお聞きした（インタビューは2011年7月20日）。公教育を通して大都市圏と農山村の交流が始まった好事例である。

8　おわりに

　本調査に協力してくれた山村留学の修園生、保護者が口を揃えたのは、「第二の故郷ができた」であった。今後、大都市圏の市民が第二の故郷を持つことができれば、自分が大切にしたい場所が生まれ、農山村と交流が進むだろう。それは子ども達の体験知を重ねる場が確保され、第一次産業の維持につながるのではないだろうか。そのためにも農山村での体験の効果や第二の故郷づくりについて、エビデンスの蓄積や社会の理解、そして受入側の人材育成や公の予算確保が求められる。

引用参考文献

青木孝安「山村留学―その歩みと現在―」（加藤一郎ら『教育と農村―どう進めるか体験学習―』地球社、1986年）246～247ページ

國分紘子『山村留学と生きる力』（教育評論社、2006年）216～217ページ

国立社会保障・人口問題研究所「日本の将来推計人口（概要）」（2013年）8ページ

文部科学省「平成22年度学校基本調査報告書」（2010年）9～12ページ

農林水産省「2010年世界農林業センサス結果の概要（確定値）」（2010年）102～103ページ

NPO法人全国山村留学協会「平成25年度全国の山村留学実施調査報告書」（2014年）1ページ

仙田満『子どもとあそび』（岩波書店、1992年）193～195ページ

高木晴光「NPO活動と地域づくり―ルーラルツーリズムという考え方―」（『運輸と経済』69巻6号、2009年）46ページ

内村良英「過疎地域振興と青少年の教育」（加藤一郎ら『教育と農村―どう進めるか体験学習―』地球社、1986年）277ページ

財団法人育てる会・特定非営利活動法人全国山村留学協会「平成21年度全国の山村留学実施調査報告書」（2010年）3～4ページ

終章　大都市圏における環境教育・ESD
―その展望と課題―

佐藤　真久

1　はじめに

　本章では、「大都市圏における環境教育・ESD―その展望と課題―」と題し、大都市圏における環境教育・ESDの充実に向けて、大都市圏の意味するところ、「大都市圏における環境教育・ESD」としての意味合いを検討したうえで、各章で指摘されている「大都市圏における環境教育・ESD」の充実に向けた論点を抽出・整理し、その展望と課題について考察を深めるものである。

2　大都市圏の意味するところ

（1）都市の特徴と定義

　「大都市圏における環境教育・ESD」を考察する前に、まずは、都市の特徴と定義について整理をしてみたい。チャイルドは、都市の条件として、（1）大規模集落と人口集中、（2）第一次産業以外の職能者（専業の工人・運送人・商人・役人・神官など）、（3）生産余剰の物納、（4）社会余剰の集中する神殿などのモニュメント、（5）知的労働に専従する支配階級、（6）文字記録システム、（7）暦や算術・幾何学・天文学、（8）芸術的表現、（9）奢侈品や原材料の長距離交易への依存、（10）支配階級に扶養された専業工人の10項目を挙げている。とりわけ、第1項目の「大規模集落と人口集中」を第1の条件として位置付けている。また、ウェーバーらによる都市の定義には、（1）人口集積地、（2）行政機関の所在地、（3）施設、（4）自治体、（5）社会関係と心理状況、（6）近隣関係、（7）文化の拠点の7つがあるとしている（藤田

終章　大都市圏における環境教育・ESD

2006)。このように、都市、大都市、巨大都市（メガシティ）、グローバルシティの特徴や定義を提示している報告は多数あるものの、それらの定義は定まっていない。都市における関心は、国連人間居住会議における一連の議論、都市計画学、都市社会学、都市経済学、日本におけるエリア型まちづくりなどの分野で考察が深められてきており、都市に対する見方（物理的実態、機能、負の側面、正の側面、歴史的文脈、グローカルな文脈など）に応じて、都市の特徴、都市の定義に多義性を見ることができる。

(2) 都市への人口集中がもたらす都市化の加速（大都市化）

近年では、都市への人口集中がもたらす都市化の加速（大都市化）が見られており、静的な都市の様相とは異なる、動的な都市の様相が見られるようになってきた。国連は、2009年半ばに地球上の都市人口（34億2,000万人）が初めて非都市人口（34億1,000万人）を超えたことを報告し（UN 2010）、2050年には、世界人口の84％が都市に居住し、その数は約63億人に達することを予測している。近年では、巨大都市（メガシティ、1,000万人以上の都市）

図終-1　世界の大都市（メガシティ）
Source: United Nations World Urbanization Prospects
https://www.bloomberg.com/graphics/infographics/global-megacities-by-2030.html

が20弱あり（**図終-1**）、アジア太平洋地域にその大半があることが報告されている。

　ここで重視すべき点は、「大加速化」（グレート・アクセラレーション）の現象が見られているという点である。グレート・アクセラレーションとは、20世紀後半における人間活動の爆発的増大を指す言葉である。第二次世界大戦後に急速に進んだ人口の増加、経済のグローバリゼーション、工業における大量生産、農業の大規模化、大規模ダムの建設、都市の巨大化、テクノロジーの進歩といった社会経済における大変化は、二酸化炭素やメタンガスの大気中濃度、成層圏のオゾン濃度、地球の表面温度や海洋の酸性化、海の資源や熱帯林の減少といったかたちで地球環境に甚大な影響を及ぼしている。このように、都市への人口集中とその他の人間活動には深い関係性が見られており、人間活動の爆発的増大は地球全体に対して大きな負荷を与えていることが報告されている（Steffen *et al* 2015）。

（3）グローバルな相互依存関係がもたらす様々な問題

　上述のような都市への人口集中（先進国、途上国に関わらず）は、人間活動の爆発的増大の結果であるとともに、グローバルな文脈において様々な問題を引き起こしている。先進国における環境問題は、経済活動の“質”の向上（科学技術の発達、化学物質使用）による環境破壊（放射性物質や、温室効果ガス、洗剤・有機溶媒等）と、経済活動の“量”の増大（物流の活性化、自由貿易、資源利用増大等）による環境破壊（化石燃料大量使用、木材伐採、廃棄物量増大等）が見られる。言い換えれば、「経済的豊かさの陰での環境破壊」であると言える。一方、途上国における環境問題は、「人口、貧困、環境のトリレンマ」といわれるように、人口増加、貧困問題、近視眼的な開発に横断的相互連関的な諸問題としての様相が強く見られる。人口増加がもたらす貧困問題（スラム拡大、対外債務、設備や制度不備、飢餓等）は、過耕作、過放牧、過剰伐採を生じさせ、人口増加がもたらす都市における近視眼的開発は、大気汚染、水質汚濁、地盤沈下等の産業公害を生じさせている。

終章　大都市圏における環境教育・ESD

言い換えれば、途上国の環境問題は、「貧困の陰での環境破壊」であると言えよう。経済のグローバル化が進む今日では、先進国と途上国における環境破壊の構造そのものがつながり合い、「グローバルで複雑な問題群」を成していると言える。

さらに、都市と農村の関係に注目してみると、先進国の都市においては、権限の一極集中、空間機能分割、階層分化、高地価、住居機能の空洞化、単純労働の委譲、高齢化、単身化、社会病理の進行が見られており、先進国の農村地域では、単位機能化、一村一品化、決定権限の喪失、老齢化、過疎化、嫁不足、農業の衰退、環境の衰退等の現象がみられている。一方、途上国の都市においては、急激な都市化、失業の増大、公共公益施設の不足、公害の発生、スラム住居問題等がみられる一方で、途上国の農村地域においては、市場経済の浸透による換金作物栽培の増加、消費の増大、国際的労働移動の活発化、自給経済の崩壊、貧困のもとでの地域環境破壊の現象が見られてい

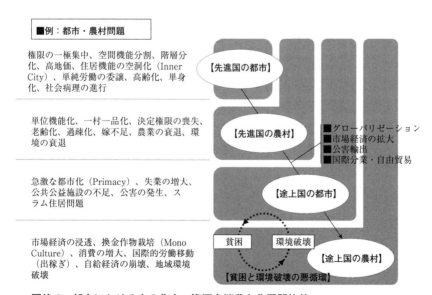

図終-2　都市における力の集中、資源多消費と集団間格差

出典：岩崎俊介ら（1995）を基に筆者作成

る（岩崎ら 1995）。このように、グローバル化による市場経済の拡大、国際分業と自由貿易は、先進国と途上国、都市と農村において様々な問題を発生させているだけでなく、世界そのものを一つの市場として関連づけさせ、結果として、都市における力の集中と、資源多消費と集団間格差、リスク社会化、危険社会化を見出している（**図終-2**）。近年では、「持てるもの」と「持たざるもの」についても指摘がなされているように、先進国と途上国の文脈を超えた様々な地球規模の問題（格差社会化、危険社会化、肥満、ユースの雇用問題、グローバルな金融・経済危機、意思決定と参加にかかる問題、など）が顕在化してきている。

3　大都市圏における環境教育・ESDとしての意味合い

（1）本書で見られる環境教育・ESDの視点から都市への関心

　本書における各論考で取り扱われているキーワードを整理してみると、**表終-1**のとおりになる。各論考そのものに、環境教育・ESDの実施する目的、対象、主体、アプローチ、領域、内容に多様性が見られており、次項のような様々な視座が内在化していることが読み取れよう。

（2）「大都市における環境教育・ESD」を読み解く視座

①空間的観点からの捉え直し・意味づけに関する考察

　「大都市圏における環境教育・ESD」を考察する際には、空間的観点からの捉え直し・意味づけが必要である。

　佐藤（2011）は、地球レベルで考えなければならない問題には、地球環境問題と貧困・社会的排除問題があるとし、両者は、危険社会化と格差社会化、富の過剰と貧困の蓄積の相互規定的対立を深刻させてきたグローバリゼーションの結果であるとしている。そして、地球環境問題と貧困・社会的排除問題は別の問題ではなく、同時に取組むことの重要性を強調している（鈴木・佐藤 2012）。これらの同時的に取組むことの重要性は、前述している「2.（3）

終章　大都市圏における環境教育・ESD

表終-1　本書各章で取り扱われているキーワード一覧

- （第1章）：持続可能な生産と消費、気候変動、生物多様性保全、水・土保全、災害リスク削減、人権、ライフライン、流域思考の気候変動適応策、原発・放射能汚染、エネルギーの生産と消費、メガイベントにおける環境教育、大都市圏における社会的病理、ヘイトスピーチなどの人権侵害問題、災害時の帰宅困難問題、都市生活環境保全、防災、自然エネルギー、ライフサイクルアセスメント教育、都市郊外や農村地域との連携
- （第2章）：持続可能な生産と消費、グローバルな生活型公害、ライフスタイルの選択、環境教育における行動に基づくアプローチ、持続可能なライフスタイルのシナリオ、シナリオ分析枠組、個人的行為（受動・能動）、集団的行為（受動・能動）、シナリオ選好グループ、充足性アプローチ
- （第3章）：子育ての場、子どもの発達と環境、子育て支援、アフォーダンス、地域の子どもを地域で育てる、タテ、ヨコ、ナナメの多様な人間関係、都市郊外と過疎地域の子どもの遊び、大人と子どもの交流機会
- （第4章）：学校施設のエコスクール化、環境共生型学校、エコスクールにおける社会的相互作用、災害リスク削減、地域防災拠点、エコスクールの教材化
- （第5章）：多様な主体とのパートナーシップ、資源のつながり、知的なつながり、里川保全の協働のしくみ、世界の人工化、アカデミックな人間関係
- （第6章）：消費視点の環境教育、ISO14001、環境マネジメントシステム、学校全体アプローチ、都市型ライフスタイルの選択
- （第7章）：科学技術の便益とリスク、科学技術と社会の関係性、環境ガバナンス、科学技術ガバナンス能力、市民参加型テクノロジー・アセスメント
- （第8章）：都市生態系の中の学校、学校と地域の教育力、学校と地域の捉え直し、社会に開かれた教育課程、学校・地域の連携・協働の活性化
- （第9章）：都市型環境教育施設、施設の拠点機能、拠点間連携と地域コーディネーション、ESDの推進拠点
- （第10章）：動物園の4つの役割、「いのち」を考える場、生物多様性の学習機会、動物園どうしの協力体制、博物館等との連携
- （第11章）：直接体験の補完機能、画像と音声の記録の活用、サイバーフォーレスト、自然体験の省察的補完、時空間的拡張
- （第12章）：マルチステークホルダーの連携、RCE、ステークホルダーの継続的な協働、多様な主体の経験知の共有
- （第13章）：マルチステークホルダーの連携、分野横断的協働プラットフォームの構築、公害対策で蓄積されてきた「環境知」、経済と環境の両立
- （第14章）：山村留学、都市・農山漁村交流、自然体験・社会体験・生活体験、農山漁村と大都市圏の持続可能性（合わせ鏡の関係性）

グローバルな相互依存関係がもたらす様々な問題」からも理解を深めることができよう。

　本書において、大都市圏をグローカルな文脈でとらえ、環境教育・ESDを相互依存関係に基づく空間的観点から捉え直し・意味づけている論考には、第8章、第10章、第14章などの論考が挙げられよう。第8章の論考では、グローカルな文脈を有する都市生態系の中での学校の捉え直し、また、学校と地域の捉え直しを行うことをとおして、学校と地域の教育力や「社会に開かれた教育課程」の意味あいを考察している点で、新しい知見を提供している。

また、第10章の論考では、動物園の機能や役割をグローカルな文脈で意味付け、「いのち」を考える場、生物多様性の学習機会として、その場の重要性と、場の連携（動物園どうし、動物園と博物館等との連携）の重要性を述べている点で、新しい知見を提供している。第14章では、農山漁村と大都市圏の持続可能性を「合わせ鏡の関係性」として捉え、そのつながりの空間を、山村留学、都市・農山漁村交流の場として活かしている点で、新しい知見を提供している。これらの論考に加えて、流域や山系などの生命地域（行政区分を超えた取組、柔軟性と可変性をもってはたらく自然に基づく地域）や、社会的・経済的な広域公共圏における環境教育・ESDの取組も、空間的観点からの捉え直し・意味づけを促すものとして位置付けられよう。

②時間点観点からの捉え直し・意味づけに関する考察

「大都市圏における環境教育・ESD」を考察する際には、時間的観点からの捉え直し・意味づけもまた必要とされる。前述のとおり、人間活動の爆発的増大がもたらす、都市への人口集中や、都市化の加速（大都市化）が見られており、静的な都市の様相とは異なる、動的な都市の様相が見られるようになってきた。これらを踏まえると、大都市圏を「加速化」という視点で動的にとらえる必要があり、本書で取り扱う環境教育・ESDにおいても、時間的観点からの捉え直し、意味づけが必要であることが理解できよう。

本書において、大都市圏を動的にとらえ、環境教育・ESDを時間的観点から捉え直し・意味づけている論考には、第２章、第７章などの論考が挙げられよう。第２章の論考では、近年の「持続可能な消費と生産」の問題を「グローバルな生活型公害」として捉え、個人や集団による、受動的、能動的な「ライフスタイルの選択」を、環境教育・ESDの「行動に基づくアプローチ」として位置付け、状況的に適宜対応をしていくというアプローチを紹介している。環境教育・ESDにおいて、教えるべきもの、活かすべきアプローチという文脈を超えて、社会の変化に対応し、状況的な判断に基づく、意思決定（個人・集団）による選択、という点で、新しい知見を提供している。また、

終章　大都市圏における環境教育・ESD

第7章の論考では、科学技術の便益とリスクについて、科学技術と社会の関係性の中からの課題の捉え直し、過去の経験、現況の理解と将来予測に基づいて、環境教育・ESDの取組に活かす点を強調している。具体的テーマの設定、活動手順、意思決定や合意形成、市民参加と協働の仕組みについても、ガバナンス（環境ガバナンス、科学技術ガバナンス）のプロセスとして捉えている点で、新しい知見を提供している。

③倫理的観点からの捉え直し・意味づけに関する考察

　さらに、「大都市圏における環境教育・ESD」を考察する際には、倫理的観点からの捉え直し・意味づけも必要とされる。前述の通り、佐藤（2011）は、地球レベルで考えなければならない問題には、地球環境問題と貧困・社会的排除問題であるとし、地球資源制約下での、「生きる権利」への配慮が重要である点を指摘している。この「生きる権利」は、従来の人権（世代内・世代間）のみを意味しているのではなく、自然が生存する権利（自然生存権）も含まれる。この両方の「生きる権利」を尊重したうえでの、環境教育・ESDの充実が必要とされている。

　本書において、環境教育・ESDを倫理的観点から捉え直し・意味づけている論考には、第2章、第6章、第10章、第13章の論考が挙げられよう。具体的には、ライフスタイルの選択における倫理的選択と購入（地産地消やフェアトレード）に関する論考（第2章）や、大都市圏と学校を類似性のある組織として見ることにより、「個人の消費」と「組織の消費」を関連づけて資源消費を捉える論考（第6章）、「いのち」と「生物多様性」について、生きる権利（自然生存権、人権含む）の視点から深めている論考（第10章）、公害対策で蓄積されてきた環境知を活かすことの重要性についての論考（第13章）などが見られる。

④新しい／代替的な方法・アプローチに関する考察

　大都市圏の学習環境、生活環境を踏まえた新しい／代替的な方法・アプロ

201

ーチについての論考も見られる。具体的には、画像と音声の記録の活用による自然体験の省察的補完・時空間的拡張（第11章）などといった情報活用手段についての論考のほか、タテ、ヨコ、ナナメの多様な人間関係を活かすことによる大人と子どもの交流機会の構築（第3章）などのコミュニケーションの方法についての論考、都市・農山漁村交流による自然体験・社会体験・生活体験の内在化（第14章）の教育プログラムの質的向上に向けた論考、拠点間連携におけるコーディネーション機能の強化（第9章）などといった組織間能力の向上に向けた論考、環境ガバナンスや科学技術ガバナンスなどの構築における市民能力の向上に向けたアプローチの検討（第7章）などが見られる。このように、方法やアプローチにおいても、多様な目的に応じた様々な取組が行われていることが読み取れる。

⑤資源と機会の効果的・効率的活用に関する考察

　大都市圏が有する資源・機会を効果的・効率的に活用しようという論考も見られる。資源・機会とは、人（世代内、世代間）、物的環境、施設、情報、文化、財源、機会のみだけでなく、様々な知性、多様なアイディア、表象型知識、関係型知識などもあると言えよう。

　具体的には、大人と子どもの交流機会の構築（第3章）、学校施設のエコスクール化がもたらす学習環境の整備、学習機会の構築、教材化（第4章）、アカデミックな知性の交流（第5章）、地域の多様な資源のつながり（第5章）、都市生態系の中の学校としての資源の発掘（第8章）、拠点間連携による多様な資源・機会の連結（第9章）、動物園特有の資源・機会の活用（第10章）、動物園と博物館などの施設連携（第10章）、多様な主体の経験知の共有（第12章）、公害の経験知の共有と活用（第13章）、都市と農漁村交流による知見の共有（第14章）などが指摘されている。

⑥多様な主体との連携・協働、ガバナンスの構築に関する考察

　大都市圏における多様な主体との連携・協働を深める論考や、ガバナンス

終章　大都市圏における環境教育・ESD

を構築しようという論考も見られる。大都市においては、とりわけ、主体に多様性が見られる。多くの論考において、異質性ある、異なる主体との連携・協働と、その仕組みづくりが指摘されている。具体的な連携・協働の指摘については、タテ、ヨコ、ナナメの多様な人間関係を活かした大人と子どもの交流機会の創出（第3章）、里川保全に向けた多様な主体とのパートナーシップ（第5章）、都市生態系の中での学校・地域の連携・協働の活性化（第8章）、拠点間連携と地域コーディネーション（第9章）、動物園どうし、動物園・博物館等の連携・協働（第10章）、マルチステークの連携（第12章）、自治体と企業の連携・協働（第13章）、都市・農山漁村交流（第14章）などが指摘されている。また、ガバナンスの構築については、科学技術と社会の関係性に配慮をした活動手順、意思決定や合意形成、市民参加と協働の仕組みについての論考（第7章）も見られている。

4　大都市圏における環境教育・ESDの充実に向けて

　各章の後半部分では、共通節として「大都市圏における環境教育・ESDの充実に向けて」があり、各論考に基づく考察がなされている。本節では、これらの論点を抽出・整理し、その展望と課題について考察を深めることとしたい。

（1）大都市圏における環境教育・ESDの充実に向けた展望

　「大都市圏における環境教育・ESD」の充実に向けた展望としては、「ライフスタイルの選択」を、環境教育における「行動に基づくアプローチ」として位置付けること（第2章）、生活の質の向上を目指す包括的アプローチには、［個人］や［集団］という視点に基づく環境配慮行動のみならず、社会の仕組みの中での［受動］と［能動］という視点もまた重要であること（第2章）、地域環境や学校教育の場を拠点としながら、大人と子どもの活動を隣接させることにより交流の場を創出することが重要であること（第3章）、環境に

203

考慮した学校施設（エコスクール）そのものが、持続可能な社会の構築を目標とする環境教育・ESDの教材として活用できること（第4章）、都市における多様な資源を活用したプラットフォームづくりが重要であること（第5章）、「消費する側」からの環境活動・教育の取組が、環境問題の原因を考えることを促すだけでなく、個人の消費や組織の消費を捉えなおすきっかけとなること（第6章）、大都市圏の人々の科学技術に関わるガバナンスの構築と選択に関する教育的取組が重要であること（第7章）、環境ガバナンス、科学技術ガバナンスの具体的なしくみとして、市民参加型テクノロジー・アセスメントなどの実施が、環境教育・ESDの充実に資すること（第7章）、大都市における学校と地域は教育力を秘めた存在であり、〈都市生態系の中での学校〉という考え方が、従来の学校教育への視点を変えることにつながること（第8章）、近隣の地域との連携を構想してきた考え方から、他の地域・国・世界に存在する〈人・もの・こと〉との思わぬつながりに気づき、大胆に交流していく発想を生み出すこと（第8章）、都市型環境教育施設がコーディネーター役として機能することにより、環境教育・ESDの視点をもった分野を横断する学びが可能になること（第9章）、大都市圏にあった自然と触れ合う機会として動物園を位置付け、いのちを考える場として、生物多様性を考える場として、動物園を活かすこと（第10章）、動物園どうしの協力体制や博物館等との連携を深めることにより、一つの園館では成しえなかった環境教育・ESDの活動を展開することができること（第10章）、画像音声アーカイブの活用による省察的補完と時空間的拡張により、自然体験の質の向上を可能にさせること（第11章）、大都市圏内外の様々な形態のマルチステークホルダーの連携の仕組みを構築していくこと（第12章）、大都市圏における過去の公害経験とその過去からの学びを現代社会に十分生かしていくためにも、自治体には大きな責務があること（第13章）、都市に暮らす子ども達が農山漁村に出かけること（山村留学）は、貴重な体験機会となり、環境教育・ESDの充実に資すること（第14章）などが指摘されている。

終章　大都市圏における環境教育・ESD

（2）大都市圏における環境教育・ESDの充実に向けた課題

　さらに、「大都市圏における環境教育・ESD」の充実に向けた課題としては、「ライフスタイルの選択」は、環境教育における「行動に基づくアプローチ」として位置付けられておらず、生活の質の向上を目指す包括的アプローチとして認識されていない（第2章）、子育て環境に求められる条件は、地域環境の違いはあれども、環境教育・ESDの充実には、社会環境や経済環境、家庭環境などにおいても大きな配慮が重要であること（第3章）、環境に考慮した学校施設（エコスクール）自体が、環境教育・ESDの教材として認識されていない（第4章）、学校外の組織・団体が十分に活用されていない、多様な資源が活用されていない（第5章）、「消費する側」からの環境活動・教育の取組が脆弱（第6章）、環境問題の結果からの対応ではなく、環境問題の原因からの環境活動・教育の取組が脆弱（第6章）、科学技術の便益とリスクの両者の関連について認識が不足（第7章）、環境教育・ESDの取組の環境／科学技術に関するガバナンス（具体的テーマの設定、活動手順、意思決定や合意形成、市民参加と協働の仕組み）の視点が欠如（第7章）、「大都市は、すでに自然環境が失われた地域である」との思い込みが、教師たちが新しい授業を創造する際の構想力を奪っていること、大都市における固定観念が創造性を低めていること（第8章）、環境教育・ESDの実践において、分野を超えて協働するには困難があること、行政区分外との連携や、他分野の施設との連携も極めて少ない（第9章）、大都市圏にある自然と触れ合う機会が難しいこと（第10章）、大都市圏に暮らす人々にとって、自然体験の機会が限られていること（第11章）、様々なステークホルダーとの連携がないこと（第12章）、大都市圏における過去の公害経験とその過去からの学びが、現代社会に十分生かされていない（第13章）、大都市部への人口集中と都市開発により、都市に暮らす子ども達にとって、自然に接する機会が乏しくなっている（第14章）、などが指摘されている。

205

5　おわりに

　本章では、「大都市圏における環境教育・ESD─その展望と課題─」と題し、大都市圏における環境教育・ESDの充実に向けて、大都市圏の意味するところ、「大都市圏における環境教育・ESD」としての意味合いを検討したうえで、各章で指摘されている「大都市圏における環境教育・ESD」の充実に向けた論点を抽出・整理し、その展望と課題について考察を深めたものであった。

　とりわけ、本書で指摘された展望と課題は、「大都市における環境教育・ESD」に関して異なる視座からの考察によるものであった。先進国と途上国、都市と農村の相互依存関係（**図終-2**）、人間活動の爆発的増大がもたらす都市への人口集中と都市化の加速（大都市化）が明らかになっていることからも分かるとおり、大都市圏における環境教育・ESDの充実は、決して、大都市圏だけの環境教育・ESDの充実を意味しているのではない。今後、よりグローカルな文脈に配慮した統合的な環境教育・ESDの充実が期待されるとともに、従来の取組の空間的、時間的、倫理的な捉え直し・意味づけが必要とされている。

引用参考文献

Steffen *et al.* "The trajectory of the Anthropocene: The great Acceleration", *The Anthropocene Review*, 2（1）, 2015, pp.1-18.

UN. *World Urbanization Prospects, The 2009 Revision*, United Nations, 2010.

岩崎俊介・束村康文・芝原真紀『人間居住キーワード事典』（中央法規、1995年）

佐藤真久「国連ESDの10年（DESD）のもとでのESDの国際的動向」（『季刊環境研究』163号、日立環境財団、2011年）30～41ページ

藤田弘夫「都市の歴史社会学と都市社会学の学問構造」（『社会科学研究』57巻、2006年）117～135ページ

鈴木敏正・佐藤真久「「外部のない時代」における環境教育と開発教育の実践的統一にむけた理論的考察─「持続可能で包容的な地域づくり教育（ESIC）」の提起」（『環境教育』21巻2号、2012年）3～14ページ

おわりに

　本書は「大都市圏の環境教育・ESD」をテーマに、日本環境教育学会関東支部のメンバーが支部研究会として取り組んできたものをまとめたものである。序章で述べたように、このテーマを選んだきっかけは東日本大震災にある。とりわけ、首都圏に電気を送っていた福島第一原子力発電所の事故によって、執筆者たちが暮らす首都圏の生活が地方に大きな負担をかけることで維持されてきたことを実感したことによる。

　福島原発事故を契機に「私たちが暮らす首都圏における環境教育・ESDの果たす役割は何なのだろうか」、との問いかけを始めたのである。そして、執筆者各自が行ってきた環境教育・ESDの取り組みや研究を「大都市」の視点からあらためて見つめ直したものが本書である。各執筆者の興味・関心からの報告であるために必ずしも体系的なものとはなっていないが、かなり広範なテーマを扱っており、今後の大都市圏の環境教育・ESDに一石を投じたのではないかと考えている。

　そして、同テーマの研究会における筆者の最初の問題提起が序章である。しかし、ここで提起した課題は、精査されたものではなく、いわば頭出しといえる。21世紀は大都市の時代であり、人口が都市にますます集中し、巨大都市が生まれていくとされている。だからこそ国連持続可能な開発目標（SDGs）においても、「都市と人間居住を包摂的、安全、レジリエントかつ持続可能にする」（目標11）が目標として掲げられたのである。

　同目標の細目においては、脆弱な立場にある人々への配慮や都市部と都市周辺部・農村部間との良好なつながり、資源効率や気候変動の緩和・適応、災害に対するレジリエンスなど、環境教育・ESDが配慮すべき多くのテーマが挙げられている。これからの大都市における環境教育・ESDにおいては、この目標11はもちろんのこと、SDGsの他の目標も含めて検討すべきであろう。

しかし、人間は自然と乖離した生活をおくることはできない。都市と農山漁村との交流をいかに維持し、発展させていくのか。田園回帰を含め、地域おこし協力隊や自然学校など、ローカル志向や都市部から地方への人の流れをも視野に入れた都市と地方との新たな関係づくりを含む大都市の環境教育・ESD研究への取り組みが求められている。環境教育・ESDが都市と地方の仲立ちをすることで、共に持続可能となる道を探っていくことが求められている。そして、この成果はアジアをはじめとする大都市における環境教育・ESDの取り組みに生かすことができるかもしれない。

阿部　治

◆執筆者紹介◆

氏名、よみがな、所属（現職）、称号、専門分野または取り組んでいること等。

監修者／序章／おわりに
阿部 治（あべ・おさむ）
立教大学社会学部・同研究科教授、同ESD研究所長、ESD活動支援センター長、（公社）日本環境教育フォーラム専務理事、元日本環境教育学会長。現在はESDによる地域創生に関する研究プロジェクトに取り組んでいる。

監修者／はじめに
朝岡 幸彦（あさおか・ゆきひこ）
東京農工大学農学研究院教授。博士（教育学）。日本環境教育学会事務局長、日本社会教育学会事務局長、『月刊社会教育』（国土社）編集長などを歴任。専門は社会教育、環境教育。

編者／第1章・第7章
福井 智紀（ふくい・とものり）
麻布大学生命・環境科学部講師。博士（教育学）。専門は科学教育学・環境教育学・科学技術社会論。科学・技術・社会（STS）に対する児童・生徒・学生の意思決定および合意形成の能力を育成するため、教材開発や教員養成・研修プログラム開発に取り組んでいる。

編者／第2章・終章
佐藤 真久（さとう・まさひさ）
東京都市大学環境学部教授。英国サルフォード大学Ph.D. 地球環境戦略研究機関（IGES）、ユネスコ・アジア文化センター（ACCU）を経て現職。アジア太平洋地域の環境教育・ESD関連プログラムの開発、政策研究、国際教育協力に従事。

第3章
木村 学（きむら・まなぶ）
文京学院大学人間学部児童発達学科准教授。文学修士、教育学修士。
研究対象は、子どもの遊びと自然体験、及び小学校の生活綴方教育と学級通信論。

第4章
秦 範子（はた・のりこ）
都留文科大学非常勤講師。博士（農学）。日本社会教育学会常任理事。NPO法人すぎなみ環境ネットワーク事業委員として学校の環境教育の教材開発や実践、市民を対象に環境学習リーダーの育成を支援している。専門は環境教育、社会教育。

第5章
三田 秀雄（みた・ひでお）
東京都杉並区立東田中学校主幹教諭。創造技術修士（専門職）。善福寺川を里川にカエル会共同代表。「善福寺川を里川にカエル会」をはじめ、「井荻まちづくりラボ」、「まちづくり上井草」などの活動を通じて、杉並区を中心に、都市での川づくり・まちづくりに取り組んでいる。

執筆者紹介

第6章
荘司 孝志（しょうじ・たかし）
東京都立つばさ総合高校教諭（数学・環境）。修士（環境マネジメント）。武蔵工業大学大学院（現、東京都市大学）で環境を学ぶ。2004年つばさ総合高校でISO14001の認証を取得、以来「消費」の視点から環境教育に携わる。

第8章
小玉 敏也（こだま・としや）
麻布大学生命・環境科学部教授。博士（異文化コミュニケーション学）。一般社団法人日本環境教育学会理事。地域と協働する学校での環境教育・ESDに関するカリキュラム論・授業論・教師論を専門とする。近年では、中山間地域でのエコツーリズム、日中韓における環境教育についても関心が広がっている。

第9章
森 高一（もり・こういち）
NPO法人日本エコツーリズムセンター共同代表。大妻女子大学非常勤講師。修士（異文化コミュニケーション）。都市型環境教育施設の企画・運営に従事し、環境をテーマとする場づくり人づくりに取り組んでいる。

第10章
高橋 宏之（たかはし・ひろゆき）
千葉市動物公園勤務。修士（教育学）。ライオン飼育担当。現、日本動物園水族館教育研究会会長。国際動物園教育者協会（IZE: International Zoo Educators Association）北部・東南アジア地域代表理事。動物園における環境教育／環境学習をテーマに研究。

第11章
中村 和彦（なかむら・かずひこ）
東京大学空間情報科学研究センター特任研究員。博士（環境学）、気象予報士（7116号）。日本環境教育学会事務局長。専門領域は森林科学、特に生物季節（フェノロジー）を題材とした森林環境教育における映像音声メディア活用の研究。

第12章
早川 有香（はやかわ・ゆか）
東京工業大学大学院社会理工学研究科・博士後期課程。京都産業大学世界問題研究所客員研究員。横浜市立大学特任助教・非常勤講師、大正大学非常勤講師などを経て現職。2015〜2016年度、日本学術振興会特別研究員DC2。マルチ・ステークホルダー・ガバナンスに関する研究を行っている。

第13章
吉川 まみ（よしかわ・まみ）
上智大学神学部・講師。博士（環境学）。川崎市環境局研究員、非常勤講師等を経て、現職。上智人間学（キリスト教ヒューマニズム）にもとづく環境教育の研究に従事。上智生命倫理研究所所員。上智人間学会役員。JICA青年海外協力隊事務局技術専門員。

第14章
小堀 武信（こぼり・たけのぶ）
公益社団法人日本環境教育フォーラム主任コーディネーター。修士（学術、環境科学）。小売業を経て現職。専門は環境教育。企業のCSR事業のほか、エコ人材育成に従事。関心領域は都市と農山村の交流、子どもの自然あそび、社会企業。

持続可能な社会のための環境教育シリーズ〔7〕

大都市圏の環境教育・ESD
首都圏ではじまる新たな試み

定価はカバーに表示してあります

2017年12月27日　第1版第1刷発行

監　修　　阿部治／朝岡幸彦
編著者　　福井智紀／佐藤真久
発行者　　鶴見治彦
　　　　　筑波書房
　　　　　東京都新宿区神楽坂2-19　銀鈴会館　〒162-0825
　　　　　電話03（3267）8599　www.tsukuba-shobo.co.jp

© 2017 Printed in Japan

印刷/製本　平河工業社
ISBN978-4-8119-0521-1 C3037